H 行业战略·管理·运营书系

本书是教育部人文社科基金青年项目（12YJC630183）
“中国政府环境规制影响低碳经济发展的理论及实证研究”的阶段性研究成果

我国低碳发展空间格局研究

■ 谭娟　宗刚　著

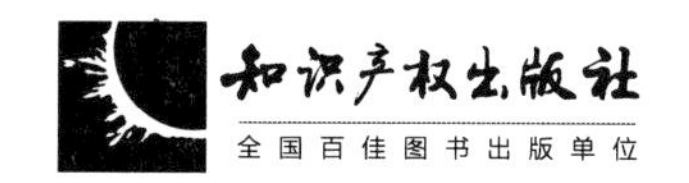

内容提要

低碳发展是现阶段推进我国生态文明建设的主要方式，也是转变我国经济发展方式、提高居民生活幸福指数的重要基础。形成低碳发展的区域、城市、乡村等空间格局，才能充分实现低碳发展，并基于此实现区域均衡发展、缩减城乡差异、科学有序推进城市化进程。

本书适合有关人员及感兴趣的读者阅读、参考。

责任编辑：荆成恭　　**责任出版**：刘译文

图书在版编目（CIP）数据

我国低碳发展空间格局研究/谭娟，宗刚著．—北京：知识产权出版社，2013.10

ISBN 978-7-5130-2371-9

Ⅰ.①我… Ⅱ.①谭… ②宗… Ⅲ.①生态环境建设—研究—中国 Ⅳ.①X321.2

中国版本图书馆 CIP 数据核字（2013）第 247327 号

我国低碳发展空间格局研究

WOGUO DITAN FAZHAN KONGJIAN GEJU YANJIU

谭娟　宗刚　著

出版发行：知识产权出版社

社　　址：北京市海淀区马甸南村 1 号　　**邮　　编**：100088

网　　址：http：//www.ipph.cn　　**邮　　箱**：bjb@cnipr.com

发行电话：010-82000860 转 8101/8102　　**传　　真**：010-82005070/82000893

责编电话：010-82000860 转 8341　　**责编邮箱**：jingchenggong@cnipr.com

印　　刷：北京中献拓方科技发展有限公司　　**经　　销**：新华书店及相关销售网点

开　　本：787mm×1092mm　1/16　　**印　　张**：14

版　　次：2014 年 1 月第 1 版　　**印　　次**：2014 年 1 月第 1 次印刷

字　　数：228 千字　　**定　　价**：48.00 元

ISBN 978-7-5130-2371-9

目　录

第1章　低碳发展的内涵与实践

1.1　低碳发展的内涵

1.1.1　低碳发展的相关概念

“低碳”是指较低或者更低的温室气体排放。对低碳的理解分三种情况，一是零排放；二是绝对排放量的减少；三是排放量相对减少，即温室气体排放的增长速度慢于国内生产总值的增速。实现以上三种情形的低碳发展的前提条件是经济的正增长。低碳理念贯穿于经济、文化、生活的方方面面，近年来，衍生出的“低碳”概念纷繁杂多，低碳经济、低碳社会、低碳社区、低碳建筑、低碳家居、低碳交通等，把人类的各种社会经济活动都贴上“低碳”时代的标签也不为过。低碳理念的核心在于加强研发和推广节能技术、环保技术、低碳能源技术等，共同促进森林恢复和增长，减少碳排放，减缓气候变化。本书围绕我国低碳发展空间格局的优化战略展开，其作为科学问题已经具有较为成熟的研究边界，有关低碳发展的几组概念如下。

（1）循环经济、生态经济、绿色经济与低碳经济

循环经济的产生有其特定背景和不断演进的历史过程。其产生是由西方国家的经济发展阶段决定的。20 世纪 50 年代西方发达国家完成工业化后，一方面是为了根本解决“先污染、后治理”的工业化发展阶段产生的环境污染问题；另一方面是西方国家在工业化过程中消耗了大量自然资源，尤其是 20 世纪 70 年代爆发的能源危机，资源短缺对经济发展的制约，客观上要求降低经济发展中的资源流量，对废弃物实行回收和再利用，以维持经济的可持续发展。国外发展循环经济、建立循环型社会的出发点是为应对快速增长的固体废

弃物的新管理战略，这时期开始鼓励发展“静脉产业”，力求实现经济增长和资源消耗“脱钩”。英文 Circular Economy 一词最先由英国环境经济学家戴维·皮尔斯提出。规范性概念最早出现于德国政府 1996 年生效的《物质闭路循环与废气物管理法》中。循环经济一词是对物质循环流动型经济的简称，以“减量化（Reduce）、资源化（Recycle）、再利用（Reuse）”（简称“3R”）为原则，以“资源—产品—废弃物—再生资源”的物质反复循环流动为资源利用模式，以自然资源的低投入、高利用和废弃物的低排放为特征。我国 20 世纪 90 年代后期引进循环经济后，循环经济作为我国科学发展理论体系的重要组成部分，成为我国经济发展的一种“硬约束”。2009 年 1 月 1 日起实施的《中华人民共和国循环经济促进法》给出的循环经济定义是：在生产、流通和消费等过程中进行的减量化、再利用、资源化活动的总称。减量化指在经济活动过程中减少资源消耗和废弃物产生；再利用指将废弃物直接作为产品或经修复、翻新、再制造后继续作为产品使用，或将废弃物的全部或部分作为其他产品的组件或部件予以使用；资源化是对经济活动过程中的废弃物进行再生利用。

生态经济的研究始于 20 世纪 60 年代末，1966 年美国经济学家肯尼思·鲍尔丁在《一门科学——生态经济学》一文中开创性地提出了生态经济的概念。鲍尔丁认为生态经济发展模式是解决不断增长的经济系统对自然资源无止境的需求与相对稳定的生态系统对资源供给的局限性这对矛盾之间的有效办法。尽管国内外研究者对生态经济展开了广泛探讨，但在很多方面仍未达成共识。迄今为止，关于生态经济的定义比较有代表性的观点有两种：①生态经济是以生态学原理为基础、经济学原理为主导、运用系统工程方法，围绕人类经济活动这个中心，在生态系统承载能力范围内，研究生态和经济最广泛意义上的结合，从整体上去研究生态系统和生产力系统之间相互影响、制约和作用，揭示自然和社会的本质联系和规律，改变生产和消费方式，合理高效利用资源，并挖掘一切可以利用的资源潜力，发展生态高效产业，构建生态文明、生态环保、自然适宜的环境。生态经济具有时间和空间上的持续性（时间上的持续性指人类发展追求“代际公平”，空间上的持续性指实现区域公平发展），及资源利用效率的高效性的特征，被认为是实现经济增长与环境保护、物质文明与精神文明、自然生态与人类生态相协调的可持续发展经济模式。②生态经济是指为达到资源的零输入和废弃物的零排放，维持生产系统自持，要使得产品的生产、使用和废弃全过程像生态系统一样形成全封闭循环。但现阶段，各个国家生态经济的发展仅是经济活动生态化的趋势，生态经济只是一种理想的可持续发展的状态，知识经济后期才可能实现。

绿色经济最先由英国经济学家皮尔斯在1989年出版的《绿色经济蓝皮书》中提出。绿色经济的“绿色”是一种象征性用语，不是指感知意义上的颜色。近年来，由于绿色生产、绿色消费、绿色技术等新语汇不断被创新性地提出，绿色经济成为经济学界研讨的热点。但一直没有就绿色经济的内涵、外延、特征等方面形成统一认识，有待于继续探讨和完善。一般认为，绿色经济是一种使生态持续改善、生活质量持续提高的经济发展模式，它通过人们在社会经济活动中正确处理人与自然、人与人之间的关系，高效、文明地利用自然资源，并维持其永续利用而得以实现。具体而言，绿色经济依托高科技产业手段，通过科技力量改善人类经济活动的生产、流通、分配、消费全过程，而不破坏环境和影响人类健康发展；同时，又要把技术限定在有利于人与人、人与自然之间和谐、可持续发展的范围内，而不能超出自然资源的承载能力。基于此，绿色经济进而会在社会需要（公共需求、个人利益或市场利益）的支配下，遵循市场经济内在规律，以效率优先为原则，达到效率最大化的目标。当前，美国犹他州生物技术谷、英国剑桥生物产业区、德国慕尼黑生物产业区，以及日本筑波生物产业区是绿色经济群落发展的典型代表。

迄今为止，国内外学者关于低碳经济的定义有上百种，概括起来主要有六种诠释：①发展阶段论。低碳经济与人类社会发展阶段有关，是工业化、城市化发展到一定程度，服务业产业比重超过工业产业，人文发展和碳生产力都达到一定水平后的经济社会发展形态与过程[1-2]。因此，发展低碳经济不能偏离经济发展规律和基本国情，低碳时代，发展中国家改变产业结构和能源结构是大势所趋，但有一个过程，不能“大跃进”。②发展模式论。低碳经济是人类社会经济发展由“高碳”（高消耗、高污染、高排放）模式转向“低碳”模式（低能耗、低排放、低污染），是经济增长与高碳化石能源消耗脱钩的经济发展方式，依赖于调整产业、能源结构和技术革新[3-4]，该模式强调政府、市场、微观经济主体（企业、居民）共同参与、相互影响、相互作用[5]。大多数学者都认可该观点。③社会经济形态论。是低碳产业、低碳技术、低碳消费、低碳流通等经济形态的综合体[6-7]，既是经济的可持续发展模式，也是社会文明的形态，还是社会制度变迁的状态。该观点强调社会管理机制和人类生活方式对低碳经济发展的作用。④能源消费方式论。低碳经济的实质是能源高效利用、开发清洁能源和追求绿色 GDP[8]。因此，节能减排、改善能源结构、降低能源碳密度是发展低碳经济的主要任务。⑤物质流过程论。要在经济生命周期全过程中减排增汇，在物质流的输入、转化、末端环节提高能效，降低碳排放并增加碳汇[9]。该观点把碳汇建设补充为低碳经济的一个重要方面。⑥市场核心论。发展低碳经济的核心意义是基于市场机制，制定制度框架和创新政策措施，构建碳排放权交易市场，以此推动低碳技术的研发和应用。

笔者认为：低碳经济是具有与生态经济、循环经济、绿色经济的共同特征即是实现经济增长与环境保护“双赢”的经济形态，以可持续发展理念为指导，主要通过减少高碳能源的生产性消耗和生活性能源浪费来实现，标志着生产方式和生活方式的转变。通过四大手段，即技术创新、制度创新、产业转型和新能源开发，建立与低碳发展相适应的生产方式；通过构建低碳价值体系，动员全社会的力量参与低碳发展，形成低碳生活方式。正如潘家华研究员所认为的，发展低碳经济，低碳是重点，发展是目的，要寻求全球水平的可持续发展[10]。

低碳经济与循环经济、生态经济、绿色经济存在必然联系，体现为：①相同的理论基础。它们都是基于生态经济理论和系统理论，核心是生态与经济系统协调发展，研究对象是包括人类在内的生态大系统，借鉴生态学的物质循环和能量转化原理，维持资源和环境可持续发展的问题，改善人类经济活动和自然生态之间的关系。以上四种经济形态都认为，要联系经济系统和生态系统的多种组成要素，进而予以综合考察和实施，以利于经济社会与自然生态的协调发展，实现生态经济的最优目标。②依托共同的技术手段。这四种经济形态的发展都基于生态技术。生态技术指按照生态学原理，遵循生态经济规律，能够促进环境保护、生态平衡、节约能源资源，实现人类与自然和谐共生的所有有效方法和手段。生态技术是实现经济增长与环境保护“双赢”的有效工具，主要针对科学技术的功能和社会作用，还涉及科技伦理、科技价值问题。③有共同的目标。以上四种经济形态都以保护、改善资源环境为目标，走可持续发展之路，力图实现资源节约、环境友好型社会。要求人们在经济活动中将自身作为自然生态这个大系统的子系统来研究符合客观规律的运行原则，实现人与自然和谐共生。

低碳经济与循环经济、生态经济、绿色经济也存在差异，表现为：①研究角度不同。循环经济强调社会物质循环利用，要求在生产、流通、分配、消费全过程资源节约和充分利用，注重生态效率、物质循环和资源重复利用。生态经济强调生态系统和生产力系统的有机结合、协调发展，要求转变宏观经济发展模式，以新能源为基础，实现产品生产、消费和废弃的全过程密闭循环。绿色经济强调利用科技进步，实现绿色生产、流通、分配、消费的人类经济活动全过程，鼓励创新，关爱人类生命健康，追求物质文明和精神文明的双重满足。低碳经济主要针对全球变暖问题，重点关注能源领域，强调构建低碳型经济结构、减少高碳能源消费，以及建立低碳型社会，形成全面应对气候变暖的发展机制和模式。②实施控制的环节不同。从研究经济系统和自然系统的相互作用过程看，循环经济从废弃物的输入端来研究，同时还关注资源，尤其是不可再生资源的有限性对经济发展的影响；而生态经济从资源的输入端开展研究；绿色经济重点在于保护环境，更多关注废弃物对环境的影响，即经济活动的输出端；低碳经济更主要关注经济活动中的能源输入端，通过碳排放量的减少，缓减气候变异，从而保护人类生存的自然生态系统。③核心内容不同。循环经济的核心是实现物质循环利用，达到提高资源效率和环境效率的目的；生态经济以实现经济系统和自然系统协调可持续发展为核心；绿色经济以发展经济、全面提高人们生活品质和福利水平为核心，强调以人为本，促使人与自然的和谐共生，维护社会系统公平运行；低碳经济的核心问题是能源技术创新、制度创新和低碳消费方式的形成，实现低能耗、低污染、低排放的基本目标。

（2）低碳技术与CCS、CCUS

低碳技术主要是指提高能源效率来稳定或减少能源需求，同时减少对煤炭等化石燃料依赖程度的主导技术，以达到有效控制温室气体排放的目的。涉及石化、化工、冶金、建筑、交通、电力等部门；分为减碳技术（如煤的清洁高效利用等）、无碳技术（可再生能源及新能源技术、油气资源和煤层气的勘探开发）和去碳技术（如二氧化碳捕获与埋存）三种类型。国际能源署（IEA）把CCS化石燃料发电、核电厂、光伏系统、建筑物和电器的能效、运输中的能效、工业马达系统等17项技术认定为对未来温室气体减排具有决定性作用的关键技术；目前我国政府重点支持开发的低碳技术包括：节能减排、可再生能源和新能源开发、农林低碳、碳捕获和封存四大板块。低碳技术是发展低碳经济最核心的“瓶颈”问题，我国目前低碳技术的自主研发、引进力度及应用均存在不足。

有的科学家认为，在所有减少温室气体排放的宏伟蓝图中，CCS 占有首要地位，将会引导人类进入低碳新纪元。同时，CCS 也将成为各路资本追逐的目标，谁有效及大规模地进行 CCS 投产，也就掌握了碳排放的主动权，也主导了碳交易市场上的主动权。CCS（Carbon Capture and Storage，即二氧化碳捕集与封存）是指通过碳捕捉技术，将工业和某些能源产业所生产的二氧化碳分离出来，再通过碳储存手段，将其输送并封存到海底或地下等与大气隔绝的地方，属于前文提及的去碳技术的一种。碳捕获和封存分为三个阶段：①捕获阶段，从电力生产、工业生产和燃料处理过程中分离、收集二氧化碳，并将其净化和压缩。目前采用的方法是燃烧后捕获、燃烧前捕获和富氧燃烧捕获；②运输阶段，将收集到的二氧化碳通过管道和船只等运输到封存地；③封存阶段，主要采用地质封存、海洋封存和化学封存三种方式。目前 CCS 技术仍处于试验阶段，因其成本过高而难以大规模推广。此外，由于被捕获的二氧化碳缺乏良好的工业应用，封存是碳捕捉的最终路径。CCS 技术的普及与二氧化碳的排放价格也密切相关，当二氧化碳价格为每吨 25 到 30 美元时，CCS 技术的推广速度将会加快。由于碳捕获和封存的成本仍高于国际上的碳交易价格，而配备碳捕获与封存设备将使燃煤发电厂的成本提高，因此除非政府提供补助，或开征高额碳税以增加厂商的经济诱因，否则碳捕获与封存尚难以产生具有利润的商业模式。

基于此，开发碳捕获、利用和封存技术（CCUS），探索利用二氧化碳进行油气增产和地热增产的相关技术途径，将成为一个具有吸引力的方向。研究人员可以利用高清晰仿真模拟技术来研究先进的 CCS 和 CCUS，以减少小规模示范性工程向大型实用化系统转化过程中的风险，加快工业界采用这些技术的进程。

（3）低碳能源与化石能源

低碳能源是一种既节能又减排的能源，其含碳分子量少或者没有碳分子结构。发展低碳能源体现为两个方面，即在需求方面大幅度压缩碳排放需求，在供应方面大力发展高碳替代能源，包括核电、天然气和可再生能源等。实行低碳能源是指通过发展清洁能源，包括风能、太阳能、核能、低热能和生物质能等替代煤炭、石油等化石能源以减少二氧化碳排放。而这一切需要实行低碳产业体系，包括火电减排、新能源汽车、建筑节能、工业节能与减排、循环经济、资源回收、环保设备、节能材料等。

化石能源是一种碳氢化合物或其衍生物，由古代生物的化石沉积而来，属一次能源，包括煤炭、石油和天然气。化石能源是目前全球消耗的最主要能源，但随着人类的不断开采，化石能源的枯竭是不可避免的，大部分化石能源本世纪将被开采殆尽。同时，由于化石能源使用过程中会新增大量温室气体，对其大量消耗是全球气候变暖的主要诱因。针对如何实现化石能源低碳化，存在两种观点，一种是化石能源向新能源和可再生能源转移，即非化石能源对高碳能源的替代；另一种是高碳能源的低碳化利用，即采用洁净煤技术大量减少碳排放。

就我国而言，以煤为主的“高碳”能源结构，决定了我国发展低碳能源的重点在于化石能源的清洁和高效利用、开发新能源和发展节能减排技术。低碳能源是发展低碳经济的基本保障，同时也代表了未来能源清洁、高效、多元和可持续的发展方向。

（4）低碳社会与低碳文明

低碳社会的概念最早由日本在2007年提出，并认为低碳社会要遵循三个基本原则：在所有部门减少碳排放；与大自然和谐生存，保持和维护自然环境成为人类社会的本质追求；提倡节俭精神，通过更简单的生活方式达到高质量的生活。可见，低碳社会是以能够产生低碳排放为主要特征的社会，意味着社会结构的合理变迁，并给社会成员提供了更加健康、和谐、环保的可持续发展空间。低碳价值体系、合理的社会结构以及社会组织的努力是形成低碳社会的基础：①我们应该把节能减排作为这个时代价值体系的“风向标”。生活细小行为×我（每一个人）=改变世界的力量，因而公民个人要从日常生活的点滴做起，积少成多，过低碳环保生活。②“橄榄型”社会是低碳社会的典型形态。在一个生产方式两极化的社会里，不利于解决属于共同性面对的问题，反而会激化“奢侈排放”和“生产排放”的矛盾，而在属于中等阶层为主体的“橄榄型”社会，其社会越公平，就越容易造就一个环境友好型社会，社会结构越合理，越利于深入推广低碳价值观念。我国的社会结构正在经历变迁，但有的学者认为目前仍然是一个“M 型”的两极社会，要达到“橄榄型”的社会状态，还需一个过程。③借助社会组织的力量推动低碳社会的建设。社会组织具有参与容易，涉及面广泛等优点，在环境教育、培育公民的环境意识、组织植树造林等方面起到重要作用，同时还对一些环境事件进行监督、披露及施加压力，因而，在低碳社会建设方面具有独特的功能。最后，我们认为，低碳社会是孕育低碳经济可持续发展的土壤。

低碳文明是指以低耗能、高效益经济为发展模式，以低碳生活为行为特征，以经济、社会、环境相互协调的可持续发展的低碳社会为建设目标，并渗透在精神领域的追求人与自然和谐共处的人类生态形式。人类一开始是“农业文明时代”，采用的是传统的生产生活方式，经过漫长的发展才进入“工业文明时代”。一直以来，工业时代都以化石能源为基础，以蒸汽机的发明与运用为标志，这两者成为工业社会最重要的要素。经过两三百年的发展，这两大要素都遇到了挑战，这些挑战不以人的意志为转移，挑战包括化石能源的急剧减少、废气废水的大量排放和环境日益污染严重等问题。如今，人类社会需要选择新的路径来迎接这些挑战，这意味着未来社会将进入到一个低碳文明时代。进入低碳文明时代，意味着社会生活、科研形式、教育模式都面临变革，需要根据低碳能源的社会发展要求作出相应的调整。

（5）低碳城市、低碳社区、低碳乡村

低碳城市是以低碳理念为指导，低碳经济为发展模式，低碳社会为建设目标，低碳技术、低碳产品及科学的城市规划设计为基础，低碳能源生产和应用为主要对象，倡导公众广泛参与低碳行动的社会－经济－环境复合生态系统整体和谐与可持续发展的城市。构建低碳城市的根本目的是在保持城市经济发展和提高居民生活质量的前提下，降低能源消耗和减少温室气体排放。城市建筑、交通、生产、消费四大领域构成了城市碳排放的主要来源，据研究，目前世界城市生产、交通及建筑碳排放量约占城市总的碳排放量的 81.8% 以上[11]。近年来，我国城市二氧化碳排放量仍随大城市建设活动的加强而不断加剧，建设低碳型城市现已成为发展低碳经济的主要载体。发展低碳城市各方面之间的联系，见图 1－1。

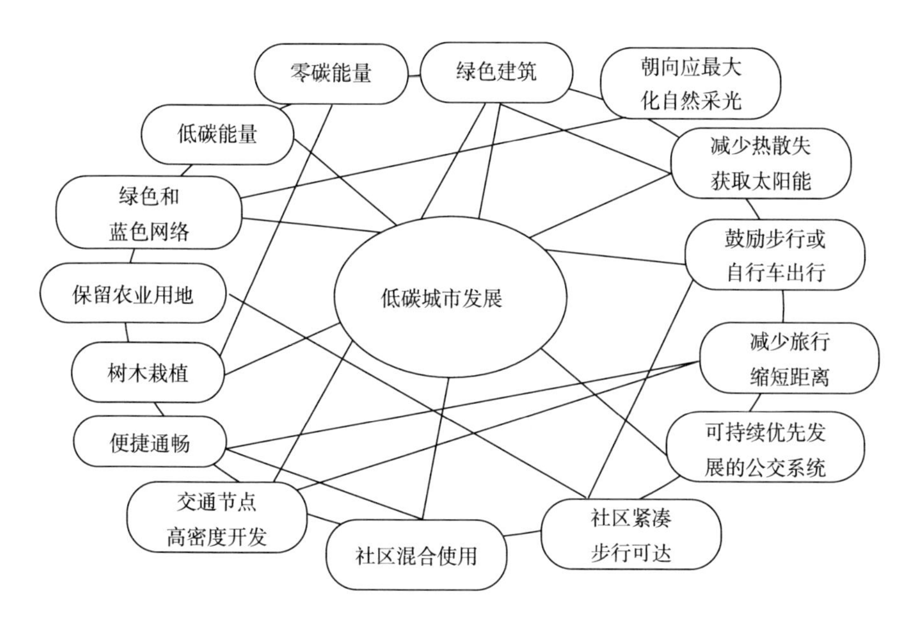

图 1－1　发展低碳城市各方面之间的联系

目前从不同的研究视角出发对低碳社区的描述大致可归为四种：①从低碳经济角度进行阐述，认为低碳城市社区是在低碳经济模式下的城市社区生产方式、生活方式和价值观念的变革；②从减少碳排放的角度进行定义，认为低碳社区旨在社区内除了将所有活动所产生的碳排放降到最低外，也希望通过生态绿化等措施，达到零碳排放的目标；③从可持续发展的概念出发，从可持续社区和一个地球生活社区模式的倡导下提出低碳社区建设模式，以低碳或可持续的概念来改变民众的行为模式，来降低能源消耗和减少二氧化碳排放。④从城市结构关系的描述，当代城市土地开发主要体现在社区的建设上，社区的结构是城市结构的细胞，社区结构与密度对城市能源及二氧化碳排放起了关键的作用。低碳社区的提出背景源于低碳城市建设，在并非重工业密集的城市地区，二氧化碳排放的压力主要来源于人口，而“社区”是承载人口最重要的基本单元。因此，建设“低碳社区”理应成为建设低碳城市的重要抓手之一。

低碳乡村是指在提高农村生活水平的基础上，通过科学规划和有效实施，最大限度降低碳排放，促进乡村经济健康可持续增长。从乡村发展的各个方面，包括经济模式、能源使用、农业种植、生产消费以及村民生活方式等出发，综合考虑经济与人口、资源及环境因素，构建低碳化发展轨迹的循环体。

低碳发展不只存在于城市，也应体现在乡村发展规划中。新农村建设和国家支农力度逐年加大，伴随乡村建设的日新月异和农村工业的兴起，创建新型乡村发展模式，将是营造富饶优美乡村的必由之路，而低碳化发展正体现了两者的结合。

（6）低碳金融、碳交易市场与碳汇

低碳金融是指服务于旨在减少温室气体排放的各种金融制度安排和金融交易活动，主要包括碳排放权及其衍生品的交易和投资、低碳项目开发的投融资以及其他相关的金融中介活动。其实质就是把碳排放当作一个有价格的商品，可以进行现货、期货等的买卖。低碳金融主要集中于两个方面，一是在现有市场环境下各种绿色信贷创新；二是在排放权交易基础之上的各种金融创新。碳金融是应对气候变化风险的新工具，其核心功能是通过市场设计，以最低成本降低整个经济体系的碳排放，有效分配和使用国家环境资源，落实节能减排和环境保护，为低碳经济发展提供各种驱动力。通过金融市场发现价格的功能，可以调整不同经济主体利益，支持低碳技术发展，鼓励、引导产业结构优化升级和经济增长方式的转变。

碳交易市场的供给方包括项目开发商、减排成本较低的排放实体、国际金融组织、碳基金、各大银行等金融机构、咨询机构、技术开发转让商等。需求方有履约买家，包括减排成本较高的排放实体；自愿买家，包括出于企业社会责任或者准备履约进行碳交易的企业、政府、非政府组织、个人。金融机构进入碳交易市场后，担当了中介的角色，包括经纪商、交易所和交易平台、银行、保险公司、对冲基金等一系列金融机构。国际碳交易市场主要有三种划分标准，一是依据是否遵守《京都议定书》，可分为京都市场和非京都市场；二是根据市场原理或排放权来源，分为项目市场和配额市场；三是依据级别，分为国际级市场、国家级市场、州市级市场和零售级市场。主流的分类方法采用项目市场和配额市场，其中配额市场又可以分为强制碳交易市场和自愿碳交易市场，项目市场又可以分为初级市场和次级市场，次级市场并不产生实际的减排单位。

由于碳信用的异质性，各市场的碳信用并不能无限制转换。全球碳市场严重分割，价格不统一。现存的交易体系和正在建立的交易体系需要进行协调，通过解决减排目标的灵活性和可比性、减排范围以及交易透明度等方面的关键问题，确定碳排放权认证标准，从而降低交易体系和流程的复杂性并削弱交易成本，增加不同市场之间的联系，允许各市场的碳信用不完全套利，使得碳排放权交易价格趋于一致，增加碳价格的有效性。

碳排放交易机制可基于三种模式建立，即限额交易模式、基准线信用模式和混合模式。按照交易的原生产品（温室气体排放权）的来源，可分为基于配额或准许的市场和基于项目的市场。配额市场的交易原理为限额和交易制度，即由管理者制定总的排放配额，并在参与者间进行分配，参与者根据自身的需要来进行排放配额的买卖。《京都议定书》设定的国际排放权交易、EU ETS 和一些自愿交易机制均属于这类市场。项目市场的交易原理为基准线交易。在这类交易下，低于基准排放水平的项目或碳吸收项目，在经过认证后可获得减排单位。受排放配额限制的国家或企业，可以通过购买这种减排单位来调整其所面临的排放约束，这类交易主要涉及具体项目的开发。按照交易机制，项目市场分为 CDM 和 JI 市场，其中 CDM 又分为初级市场和次级市场。

碳汇一般是指从空气中清除二氧化碳的过程、活动、机制。它主要是指森林吸收并储存二氧化碳的多少，或者说是森林吸收并储存二氧化碳的能力。森林碳汇是指森林植物吸收大气中的二氧化碳并将其固定在植被或土壤中，从而减少该气体在大气中的浓度。森林是陆地生态系统中最大的碳库，在降低大气中温室气体浓度、减缓全球气候变暖中，具有十分重要的独特作用。此外，还有草地碳汇、耕地碳汇、海洋碳汇。形成碳汇后进而可以在碳交易市场进行交易。

（7）低碳消费与碳足迹

低碳消费是低碳发展的重要环节。低碳消费方式是人类社会发展过程中的根本要求，是低碳经济发展的必然选择。低碳消费方式回答了消费者怎样拥有和拥有怎样的消费手段与对象，以及怎样利用它们来满足自身生存、发展和享受需要的问题。它是后工业社会生产力发展水平和生产关系下消费者消费理念与消费资料供给、利用的结合方式，也是当代消费者以对社会和后代负责任的态度在消费过程中积极实现低能耗、低污染和低排放。这是一种基于文明、科学、健康的生态化消费方式。环境就是系统，低碳消费方式着力于解决人类生存环境危机，其实质是以“低碳”为导向的一种共生型消费方式，使人类社会这一系统工程的各单元能够和谐共生、共同发展，实现代际公平与代内公平，均衡物质消费、精神消费和生态消费；使人类消费行为与消费结构更加科学化；使社会总产品生产过程中，两大部类的生产更加趋向于合理化。

低碳消费方式特别关注如何在保证实现气候目标的同时，维护个人基本需要获得满足的基本权利。由于满足基本需要的人权特性和有限性，在面临资源与环境约束的情况下，应该把有限的资源用于满足人们的基本需要，限制奢侈浪费。人们应该认识到：生活质量还包括环境的质量，若环境恶化，人们的生活质量也最终会下降。在环境资源日益稀缺的今天，低碳消费方式是一种更好地提高生活质量的消费方式。

低碳消费方式主要体现了人们的一种心境、一种价值和一种行为，其实质是消费者对消费对象的选择、决策和实际购买与消费的活动。消费者在消费品的选择过程中按照自己的心态，根据一定时期、一定地区低碳消费的价值观，在决策过程中把低碳消费的指标作为重要的考量依据和影响因子，在实际购买活动中青睐低碳产品。低碳消费方式代表着人与自然、社会经济与生态环境的和谐共生式发展。低碳消费方式的实现程度与社会经济发展阶段、社会消费文化和习惯等诸多因素有关。因此，推行低碳消费方式是一个不断深化的过程。

由于“低碳程度”不同，涉及的具体内容也各异。在目前我国社会条件下，广义的低碳消费方式含义包括五个层次：一是“恒温消费”，消费过程中温室气体排放量最低；二是“经济消费”，即对资源和能源的消耗量最小，最经济；三是“安全消费”，即消费结果对消费主体和人类生存环境的健康危害最小；四是“可持续消费”，对人类的可持续发展危害最小；五是“新领域消费”，转向消费新能源，鼓励开发新低碳技术、研发低碳产品，拓展新的消费领域，更重要的是推动经济转型，形成生产力发展新趋势，将扩大生产者的就业渠道、提高生产工具的能源效益、增加生产对象的新价值标准。

从经济学上讲，消费包括生产消费和非生产消费。生产消费是指生产过程中工具、原料和燃料等生产资料和生产劳动的消耗。非生产性消费的主要部分是个人消费，是指人们为满足个人生活需要而消费的各种物质资料和精神产品；另一部分是非生产部门如机关、团体、事业单位，在日常工作中对物质资料的消耗。因此，推动“高碳消费方式”向“低碳消费方式”的转变应该是全社会的共同职责，只有这样才有利于实现国家利益、企业利益和公民利益的最大化。

碳足迹，是指企业机构、活动、产品或个人通过交通运输、食品生产和消费以及各类生产过程等引起的温室气体排放的集合。它描述了一个人的能源意识和行为对自然界产生的影响，标示一个人或者团体的“碳耗用量”，用于测量机构和个人因每日消耗能源而产生的二氧化碳排放对环境影响的指标。“碳”耗用得多，碳足迹就大，反之，碳足迹就小。计算碳足迹有两种方法，第一种是利用生命周期评估（LCA）法，一般认为这种方法更准确也更具体；第二种是通过所使用的能源矿物燃料排放量计算，这种方法较一般。以私家车的使用作为计算碳足迹的一个例子：第一种方法会估计所有的碳排放量，从汽车的原材料开采（包括制造汽车所有的金属、塑料、玻璃和其他材料）开始到汽车的生产、开车和处置车整个生命周期的二氧化碳排放当量。第二种方法只计算制造、驾驶和处置车时所用的化石燃料的碳排放量。

1.1.2　低碳发展的理论基础

低碳发展对国家经济系统、区域经济发展、知识经济进步等都提出了更高的要求，其实质上是对国家、区域、城市以及各种管理系统的创新，因而需要遵循系统创新理论的原则，以探寻更优的发展路径；然而，集中而论，低碳经济的发展是要实现能源、经济、环境系统的稳定、协调、可持续发展，环境经济学和资源经济学理论都是迄今为止，在可持续发展理念下形成的较为完善的环境、资源、经济协调发展的理论系统，对低碳发展有较强的借鉴意义。

（1）创新系统理论

创新系统理论的形成是一个不断演化、积累和提炼的过程。美籍奥地利学者熊彼特在 1928 年发表的论文《资本主义非稳定性》和 1939 年出版的《商业周期》一书中比较全面地提出了创新理论。熊彼特首次赋予“创新”以经济理论的含义，认为创新是通过构建新的生产函数，也就是说各种经济要素和条件的重新组合，即新产品、新技术或新的生产方法、新市场、新的原材料供应源、新的生产组织形式，引入到生产体系中去。这个定义蕴涵着创新是以系统方式存在的，只是该定义中的系统方式只是在企业层次上的。随后，熊彼特进而提出创新过程具有群集的整体特征，应构建更高层次的新系统状态。此后，国内外很多学者从系统的角度来分析创新行为，把创新视为一个系统工程，是创新过程中参与各层次的行为人和组织之间多种多样相互作用的系统。

大多数学者都从宏观领域来研究创新系统，探讨某一具体的创新系统，包括国家创新系统、区域创新系统、城市创新系统、企业创新系统、管理创新系统、技术创新系统等，研究内容涉及具体系统的概念解析、结构功能、动力机制等。伴随当代系统科学进入研究开发复杂巨系统的阶段，学者们开始运用复杂理论对创新系统进行内在研究，如用自组织理论、非线性理论研究非线性经济和国家创新系统的进化过程；从技术、生产和组织三个方面分析创新的复杂性属性，复杂环境中成功的创新依赖于对组织的适应等。

目前创新系统理论重点在以下几个层面的探讨：第一，知识经济与创新系统。创新体系存在于产业、政府和大学科研院之间的知识流，关键是“知识分配力量”或确保创新者具备及时获取重要知识的能力。政府主导科学创新系统的建设，公共政策具有重要作用，政府的产业政策、教育政策尤其是科技政策，需要重新强调知识经济。同时，创新系统也会反过来推动制度的发展，提高政府能力，具有演化性。第二，国家创新系统理论。近年来，对该系统的研究主要集中在创新精神的培养，政府在促进产学研合作中功能的研究，产学研之间的组织和网络构建，科技工作园区的建设和运行，以及产业集群和板块经济的研究五个方面。第三，区域创新系统理论。知识应用、开发子系统和知识生产、扩散子系统组成了区域创新系统，并与国际、国家及其他区域的创新系统相链接，不断引入外部新知识，同时促使内部产生的新知识商业化，以加强自身的创新能力和保持竞争力。第四，创新系统的方法论意义。深入解释了技术创新的产生过程，技术上的研究与开发仅仅是创新过程一个小的组成部分，创新过程还提供了政府技术政策的新方法，并力图解决技术转化和技术创新与市场结合问题，构建市场引导下的“创新价值－创新动力－创新运行－新的创新价值－新的创新动力－新的创新运行”技术创新循环机制。

（2）3E 系统理论

3E 系统是指采用能源（Energy）－经济（Economy）－环境（Environment）三个子系统来表征社会发展系统作用机理与影响因素的系统模型，如图 1－2 所示。在该理论框架下，认为能源、经济、环境三者间存在着相互联系又相互制约的复杂关系，并构成一个大的系统。其中经济子系统是核心，能源和环境都为这个核心服务；反过来，经济系统为能源和环境提供资金和物质支持；能源子系统是物质基础，为经济发展和环境保护提供动力支持；环境子系统作为系统载体，为经济和能源提供活动平台。

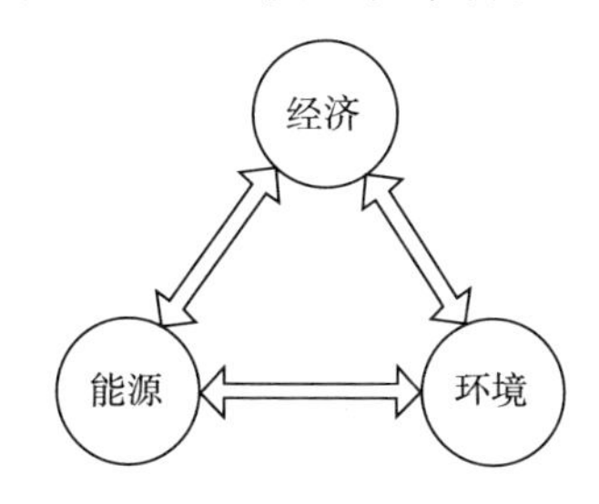

图 1－2　能源－经济－环境（3E）系统

经济的可持续发展是社会发展系统理论的最终目标。而能源是经济发展的支持动力源。环境是经济发展的基础，是经济、社会发展的物质条件。能源消费发展有力地支持了国民经济的发展，但与此同时能源的开发利用对自然界也会产生一定的破坏作用，其利用废弃物对环境会造成一定的污染。因此能源生产和消费引起了一系列环境问题，这又影响了经济的可持续发展。3E 系统的理论研究主要是指为实现社会发展系统中能源、经济、环境三个子系统之间综合平衡与协调发展，对各子系统之间交互作用程度测算方法和模型的研究。该理论的关系模型主要由发达国家开发，其中应用较为广泛的进行综合分析的模型有：Markal－Macro 模型、可计算一般均衡（CGE）模型、多目标规划（MOP）模型等。

（3）环境经济理论

自 20 世纪 50 年代开始，学者们把环境问题作为一门科学来研究，自然科学家对环境问题进行研究和探索，指出了环境污染的来源、迁移、转化过程及产生的影响。随后，经济学家从经济理论的角度出发对环境污染产生的经济根源进行探讨，认为环境问题实质上是一个经济问题，理由是：环境问题是经济发展的副产品，随经济活动开展而产生，经济活动需从环境中开采资源，会造成生态破坏，经济活动排放的废弃物，又造成环境污染；环境问题限制了经济的进一步发展，使人类社会遭受经济损失；解决环境问题需要投入大量的人力、物力、财力，最终又依赖于经济的进一步发展，为其奠定物质基础。因此产生了环境经济学研究的两大核心问题，即人们如何做出影响自然环境的各种决策和如何运用环境经济手段来解决经济发展与环境保护之间的矛盾，其包括三个主要论点，即：环境是一种稀缺资源，污染实际上是对这种资源的损耗和浪费；环境是公共商品，或者说是特殊商品，其价值由边际效益和边际费用的平衡点来确定；经济发展和环境保护之间的关系是互相促进、互相制约的。近年来，环境经济学除了关注环境经济学基本理论、环境保护的经济效果、如何运用经济手段进行环境管理、跨境环境问题等方面的研究之外，越来越重视对全球环境问题的研究。全球环境介质如臭氧层和大气是全世界所有国家的公共品，具有以下特点：作为公共品，在使用时没有任何稀缺价格，理论上每个国家都可以免费"搭便车"，而寄希望于其他国家对这种公共品的保护；不同国家或其人们对全球环境介质有不同偏好，具有不同的风险态度；不同国家之间人均收入是不相同的，因而对全球环境价值的评价不同；该种公共品质量发生变化，不同国家受到的影响不尽相同，如全球气候变暖导致的冰层融化会影响地理位置低的国家。目前主要从博弈论、转移支付、全球环境协议、国际环境秩序等角度对该问题进行研究。

（4）资源经济理论

资源经济学的产生以 1924 年出版的美国经济学家伊力和豪斯的《土地经济学原理》和 1931 年哈罗德·霍特林发表的《可耗尽资源的经济学》为标志。20 世纪 80 年代之前，重点关注资源危机或短缺问题，之后是资源可持续问题。目前，侧重于整个自然资源系统与经济发展关系的研究，注重国际合作和全球性资源经济问题的研究，重点研究资源利用的可持续性和生态环境的可持续性，并与其他学科，如环境经济学、人口经济学等的研究相互交叉、渗透。效率、最优、可持续三大主题和生产、分配、利用、保护与管理四个方面构成了资源经济学的基本书内容，自然科学理论和社会科学理论共同形成它的理论基础。常用的自然科学理论有资源承载力理论、物质平衡理论、热力学定理、环境污染理论、再循环理论、多种数学理论和计算机应用理论等；社会科学理论有经济学、伦理学、金融学等学科中的一系列理论，其中，最重要的是价值理论、产权影响价值运动理论和价格理论。

资源型经济是资源经济学的一个重要议题，是以天然气、石油、煤、铁、铜等能源资源和矿产资源开发为主导的经济体系，其与知识型经济、加工型经济和服务型经济并称，可以分为国家、区域、城市、矿区或社区等多个层次。资源型经济转型指脱离资源依赖型经济，而更加依靠管理、技术、知识和智力的高层次经济形态，已成为研讨的焦点。实现资源型经济转型的过程，要遏制无节制的大规模资源开发，治理贸易条件恶化问题，避免资源收益分配不公和资源财富浪费问题，引导资源财富向工业化资本的有效转化，推进经济结构优化升级，增强创新能力，使经济活动走出资源优势的陷阱，摆脱资源型经济的各种病态，解脱资源开发 - 资源繁荣 - 资源收益的路径依赖，走可持续发展之路。由此可见，资源型经济的转型过程也是一个推动低碳发展的过程。

1.1.3　低碳发展的不同学科意义

国内外很多研究者结合工作的实践或是本身的学科领域对低碳发展的内涵进行了切合研究、工作实际的探讨。笔者从低碳发展的政治学意义、经济学内涵、生态学价值及哲学思考四个方面对低碳发展的内涵体系做了以下总结。

（1）政治学内涵

梅森纳认为，低碳发展中面临的挑战实质上归为政治、体制上的[12]。作为政治问题的低碳发展问题实质是国际间关于碳减排和发展权的博弈。在这个“全球公地”问题上，应怎样分配每个国家的碳排放责任，并因此而产生的利益与损失，这都关系到全球经济的发展趋势。在低碳发展问题上，我国很多学者持谨慎态度，认为“碳政治”实际是欧洲人利用人类对科学的信仰甚至迷信，构建的一套科学和政治话语[13]；但更多的还是积极认为，要站在国家战略的角度，将“碳政治”视为我国经济技术创新和经济结构转型的新机遇[14]，并把国际压力转变为国内深化政治体制改革的动力[15]，形成转变经济发展方式的“倒逼机制”。

“碳政治”博弈的关键是碳排放权的公平分配。一直到 2011 年 12 月德班气候峰会上，全球温室气体排放如何体现“共同但有区别的责任”原则仍争议不断。在碳排放的衡量和分配方式上，国际上先后提出碳排放强度、人均累积碳排放量、人均碳排放量、国家排放总量等重要指标，中国提出单位国内 GDP 碳减排、人均资本、人均消费等作为分担责任的标准[16]。碳排放问题蒙上了政治色彩，发达国家对发展中国家低碳资金、技术援助，碳密集产业重新选址，国际贸易中的隐含碳等已成为国际社会气候谈判的焦点[17]。

（2）经济学内涵

经济学理论上认为低碳经济具有公共性和外部性，因而应考虑如何规避市场失灵和政府失灵，应用庇古税和科斯定理的原理进行系统的政府规制，并构建碳排放交易权市场，最终克服低碳经济发展中的资金与技术锁定效应[18]。发展低碳经济是一种可持续的经济发展方式，微观层面来说，学界及实践部门将低碳发展作为国民经济内生变量已经探讨了工业、农业、建筑业、服务业、公共事业下的各行各业如何实现低碳化；宏观层面上，从拉动国民经济增长"三驾马车"的出口、投资和消费三个方面来考察低碳经济，具有短期投入相对较高、长期效益显著的基本特点，但目前处于大量的低碳投入阶段，对政府实现经济持续增长目标具有一定的风险性[19]。此外，低碳经济与循环经济、绿色经济、生态经济均是环境经济的组成部分，具有重叠交叉之处，又存在显著差异，可以简单地说，绿色经济、生态经济是"龙腿"、循环经济是"龙身"、低碳经济是"龙眼"[20]。

（3）生态学内涵

低碳发展需要发挥生态系统尤其是陆地森林生态系统的"碳汇"功能。生态系统通过光合作用吸收固定二氧化碳，在减缓和稳定大气温室气体浓度方面发挥重要作用。森林作为陆地生态系统中最大的碳汇，在固定大气中二氧化碳和平衡区域乃至全球碳收支中发挥着重要作用，我国的森林植被也表现出明显的碳汇效应。同时，草地作为中国面积最大的陆地生态系统，其碳储量绝大部分集中在地下根系和土壤中，地上碳库不明显。此外，中国耕地总面积1.22亿公顷，农田土壤的固碳作用也受到了广泛关注[21]。然而，我国改革开放以来，经济快速增长伴随着工业化、城镇化、国际化，这引起了土地利用、覆盖的大变化。这种变化改变了地表过程与大气间的相互作用关系，也深刻影响生态系统的生物地球化学循环和服务功能[22]。据Houghton[23]的研究，1980～2000年，中国农田释放了5.5亿吨碳，土地退化释放了3.1亿吨碳，而植树造林固碳量为13.5亿吨碳。此外，垦殖导致土地利用与地表覆盖变化，也是引起的二氧化碳增多的原因，集中体现为开垦和过度放牧、破坏湿地生态系统、减少了林地面积[24-25]。这些生态系统上的变化是低碳发展中应考虑的重要问题。

（4）哲学内涵

低碳发展的理念与中国传统文化价值观是相通的。儒释道生态伦理思想主张"天人合一"的整体观，"尊重生命"的共同原则，"道法自然"、"万物平等"、"仁爱万物"、"生生不息"强调人与自然和谐共生等，都是低碳发展的力量源泉，是倡导公民开展低碳行动的教义[26-27]。马克思哲学里的人道观、自由观、正义论对高碳经济的正义审视也仍未过时，对建设中国低碳经济的制度保障也不乏现实的启示性[28]。

当代关于低碳发展的哲学思考很多都围绕构建和谐社会及实现生态文明展开。发展低碳经济这种新的经济模式是有利于调和人与人之间的关系，减少由于能源、资源的争夺而引发的矛盾与冲突（包括走向极端的战争）；能够实现人与自然的和谐共生，并在此基础上实现物物和谐，保护物种多样性，防治物种变异和恶性入侵；最终形成资源节约、环境友好的“两型社会”。这些都是和谐社会的基础伦理观，也是生态文明的根本体现[29-30]。

1.2　低碳发展的实践

各国政府在推动低碳发展中起到了并且仍将发挥重要作用：一方面，在政府的大力推进与支持下，强化规章制度：出台国家低碳发展战略规划；制定低碳发展的法律法规；创新政府公共政策，构建财税金融政策体系，激励与惩罚措施并举；加大政府投资，支持新能源低碳技术研发；大力倡导，强化国民的低碳意识。另一方面，政府充分利用市场机制，激发各利益主体自觉践行低碳发展：基于《联合国气候变化框架》和《京都议定书》，缔约国制定了三个协调机制，国际排放贸易机制（IET）、联合履行机制（JI）和清洁发展机制（CDM），由此催生了如火如荼的全球碳金融市场，各国碳金融政策支持体系、碳金融市场体系和碳金融组织体系逐步搭建；同时，各国政府提倡消费低碳产品，激励企业投放市场更多的环保产品，达成企业利益与社会利益的共赢。综合而言，对各国低碳发展实践总结如下。

1.2.1　制定碳减排目标路线图

综观世界各国，政府官方都确立了自身的减排目标。世界性整体目标是到2050年实现温室气体排放量减少50%；欧盟的目标是要在2020年实现温室气体在2005年的基础上减少40%；到2030年，日本的目标是每单位GDP的能源消耗量减少30%，挪威要实现零排放的高目标；到21世纪中期左右，法国的温室气体排放量要减少75%~80%，英国要减少80%；德国确立的目标是欧盟的2倍，到2020年的温室气体排放量比1990年减少40%；俄罗斯承诺到2020年温室气体排放量比1990年减少20%～30%；2011年11月开始瑞典国家政府已经开始着手零排放目标路线图的工作。此外，世界其他很多国家都制定了明确的减排目标，这里不逐一例举。科学发展目标的制定，奠定了低碳发展行动的基础。这些宏观目标要对低碳发展形成持久的影响，则要根据实际实施情况，不断进行修正和完善，形成低碳经济发展的政策路线图。

1.2.2 长期稳定的公共政策支持

各国政府部门都通过一系列的低碳文件法案推进全社会的低碳行动，促进本国低碳经济、低碳社会的形成。比如说，意大利：《能源效率行动计划》（2007年）；《工业法案》（2015年）；《减少碳污染计划绿皮书》（2008年）等。德国：《可再生能源法》（2000年）；《环境相容性检测法》（2002年）；《可再生能源法》（2004年修定）；《二氧化碳捕捉和封存法规》（2009年）等。欧盟：《欧盟能源技术战略计划》（2007年）；《关于促进和利用来自可再生供给源的能源条例草案》和《欧盟关于禁止白炽灯和其他高耗能照明设备的法规》（2009年）等。日本：《面向2050年的日本低碳社会》（2004年）；《面向低碳社会的12大行动》和《福田蓝图》（2008年）；《一场绿色经济与社会变革》政策（草案）（2009年）等。美国：《晴空与气候变化行动》；《2007年能源独立与安全法案》；《2009年美国清洁能源与安全法案》等。这些政府的法律、法规和政策文件，使低碳发展中的环境约束和激励都具有权威性，规范了低碳发展中各主体的行为，是推进低碳发展的“软基础”设施建设。

1.2.3 采取经济激励措施

目前，各国政府普遍采用税收、补贴、价格和贷款政策等经济激励政策。比如说，根据燃油效率和环保性能许多欧盟国家都制定了车辆税费标准和政策，并用减免税政策鼓励消费者购置清洁、高能效的汽车；美国通过对新建节能建筑实施减税政策，鼓励消费者购买节能建筑、使用节能设备；德国对风电项目和光伏发电项目实施低利率贷款，补贴风力发电，根据汽车排量大小制定不同的税额标准；英国已征收气候变化税，形成碳排放贸易机制；意大利的

“绿色证书”、“白色证书”交易机制，给予石油液化气GPL减少税负；日本2007年开始征收环境税；澳大利亚政府实行“家电补贴”，2010年开始对由于碳减排引起成本增加的低收入家庭采取退税或其他福利措施予以补偿，对受影响的企业实施“气候变化行动资金”。由此可见，各种经济激励措施已经得到了广泛的应用，是在低碳发展中激励各主体切实采取低碳行动的重要手段。

1.2.4　注重公共投入

低碳技术的研发与应用主要依靠政府公共投资。比如说，“政府投资、企业运作”已成为英国推动低碳经济发展的有效模式；发达国家不断加大工业节能技术的投入，节能产品和设备也不断问世，能效稳步提高；目前美国、日本、荷兰、德国、英国、印度等国都加快财政投入建立IGCC示范电站的进程；有些政府投入了大量研发资金的节能环保汽车技术也取得了明显进步；丹麦政府历来重视对能源技术创新的资助；意大利政府投入了大笔资金支持交通系统的技术创新；德国政府每年对建筑节能改造工程进行投资，以挖掘公共设施的节能潜力；美国政府在新能源领域的大力投资还调动了私人投资的跟进；加拿大政府在环境领域和能源领域的投资已成为重要的国家战略；日本政府把“跨越式的知识发现和发明”作为基本的国家政策目标，加大研发经费的投入；韩国政府计划在2008～2030年共投入111.5万亿韩元用于改进新能源设备和相应的研发；澳大利亚政府对清洁煤技术的投资处于世界领先地位。总体来看，政府的资金支持是低碳技术取得进步的必要条件，各国政府在这方面的投入也越来越不吝啬，且涉及面很广，成效显著。

1.2.5　形成低碳发展的互动体系

大多数国家都形成了以政府为主导，企业为主体，非政府组织参与，公民积极行动的低碳经济发展互动体系。政府对企业的主导作用主要体现为对企业的政策、资金支持以及行政规制。综观世界各国，在政府的支持和激励下，企业的节能减排已成为不可推卸的社会责任，且关系企业的形象，大部分企业已树立低碳环保的发展理念，创新技术，强化管理，在企业内部实行节能减排，并且积极参与自愿碳减排市场的构建，自觉加大对低碳领域的投资和设立碳基金等。另一方面，政府对公民的影响，主要体现为环境规制教育，各国在发展低碳经济的过程中，都积极地将公众视为低碳经济发展相关利益者，认为只有公众从根本上理解了低碳经济的意义并愿意为此注意节约资源、增强减排意识，让低碳发展融入居民的生活，并形成低碳环保的社会氛围，才能实现真正意义上的低碳发展。此外，在政府的支持下，非政府组织作为新兴力量，凭借其组织优势在低碳经济发展中将发挥更加重要的作用，尤其在环境教育、环境监督及志愿者活动等方面。

1.2.6　构建低碳型产业结构

低碳能源消费是形成低碳型产业结构的基础，因此世界各国都大力发展适应本国资源禀赋特征的新能源和可再生能源。由于核能具有环保、高产、廉价的特点，受到了很多国家的青睐，目前法国在核能开发利用上走在世界的前列，该国 80%以上的电力供应依靠核能，同时还有富余电力出口给邻国。但是近年来全球发展最快的是风电、太阳能和生物质能，风电技术不断得到突破，近 10 年全球风力发电产业装机量的年增长速度达 25%，海上大容量风电园也逐渐发展。2007 年，全球太阳能热利用装机容量达 1.05 亿千瓦，并网太阳能光伏系统安装量达 770 万千瓦；全球生物质发电总装机容量约为 5000 万千瓦；生物燃料乙醇年产量约 5000 万吨；生物柴油年产量约 1000 万吨。此外，各国政府尤其是发展中国家还从淘汰落后产能，调整产业结构等方面作出积极努力以构建低碳型产业结构。

1.2.7　重视政府间的合作关系

各国政府以低碳发展为契机，加强环境外交，以促进国际合作。尽管发达国家对发展中国家在资金、技术的支持上一直存在争议，但是合作的空间越来越明晰化。其中，加强低碳技术领域的国际间合作与交流很有必要，如北欧的挪威政府就很注重这一方面的研发合作；低碳化管理的国际培训、低碳文化的全球传播、能力建设的国际交流等方面都是加强政府间国际合作关系的体现。

第2章　我国低碳发展的现状与问题

2.1　国家低碳发展战略

2.1.1　必要性

2013年1月9日至15日我国中东部地区遭遇整体大范围空气污染，北京地区持续为五级重度污染，而据专家分析，污染排放量大、扩散条件不利、区域污染和本地污染贡献叠加，是造成此次重污染的三个主要原因。2011年，北欧国家芬兰迎来了又一个暖冬，全球气候变暖引起了人类生存环境的变异，如大范围积雪和冰川融化，平均海平面高度上升，改变了降水循环，极端气候事件的出现频率加剧等，这威胁着人类的基本生存条件。而科学研究表明，人类社会经济活动是引起人类生存环境变异、全球气候变暖的主要原因。因此，2003年，英国政府首先提出发展低碳经济，以切断经济增长和温室气体排放之间的联系，建立一种低碳型经济发展模式。随后，低碳经济理念风靡全球。2008年的全球经济危机，再次对低碳经济发展推波助澜，低碳经济被誉为人类发展史上的“第四次浪潮”，经济发展史上的“第四次工业革命”。

近年来，世界各国、各地区都制定了碳减排目标，由于每个国家的资源禀赋和经济发展阶段存在差异，各地区的碳减排目标也高低不同。我国政府也从实际出发，提出了要在2020年实现每单位GDP二氧化碳排放量比2005年减少40%～45%的总体性战略目标，2011年3月中央政府颁布的“十二五”规划中，再次确立了要在2015年实现单位GDP二氧化碳排放量减少17%的目标。中国作为一个发展中国家，发展和减少贫困的任务还很繁重，但对碳减排的决心坚定，这取决于转型期我国经济、社会、政治、环境、生态等方面的发展需求，坚持低碳发展是新形势下我国经济社会发展的趋势，具有必要性。

第一，我国的生存环境深受气候变化的危害。低碳发展有利于缓解气候变化，并减少由此带来的各种负面影响。研究表明，到2050年，喜马拉雅山冰川的一半将消失，导致23%的中国人口生活在缺少融水的环境中，青藏高原冬季最低气温和夏季最高气温将分别上升3.1～3.4℃和1.8～3.2℃，这会威胁青藏铁路、公路的安全运营。近50年来，我国降水格局发生了明显变化，分布不均现象更加明显，西部和华南地区降水增加，华北和东北大部分地区降水减少，高温、干旱、强降水等极端气候事件有频率增加、强度增大的趋势；近30年来，我国沿海海平面上升了90mm。另据初步估算，由于温度升高、农业用水减少和耕地面积下降，到2050年我国的粮食总生产水平会比2000年下降14%～23%。

第二，我国的能源安全保障受到威胁。坚持低碳发展是确保我国能源安全的重要手段。能源资源已经成为世界性稀缺资源，而西方发达国家不管是过去、现在还是未来都会是能源消耗的大户。就我国实际情况来看，1992年开始能源消费量超过生产量，到2009年我国的能源消费总量达到30.7亿吨标准煤，比1990年的3倍还多，我国的经济发展阶段决定了在未来的经济发展中，对能源的需求还将进一步扩大，但与此同时，能源的对外依存度也在显著增大，以石油资源为例，2010年我国的石油对外依存度达到了52.6%，如不采取能源政策措施，我国的经济发展将严重受制于其他国家。落实低碳发展有利于缓解这种能源危机，其要求人类把能源的使用从传统向现代转型，开发利用新能源。

第三，转型期我国经济发展面临难题。发展低碳经济是推进转型期经济可持续发展的最可行的经济发展模式。调整产业结构、提升企业和产品的国际竞争力、消除国际贸易的绿色壁垒、克服资金及技术的“锁定效应”，都是低碳经济的题中之义，也是转型期我国经济发展面临的基本难题，通过发展低碳经济，有利于平稳推进经济结构的转型升级，维持经济的持续增长，实现可持续发展。低碳经济将成为新的经济增长点、金融危机之后的复苏引擎，国际范围内致力于经济增长模式转换和结构调整，后金融危机时代（2008年全球金融危机），美国消费率有所下降导致世界市场容量变小，许多国家金融服务业缩水，更加重视制造业等实体经济，在全球经济衰退的 2008 年，低碳行业的收入增长幅度仍然达到了 75%，世界低碳产品和服务行业创造的收入已经超过了航天业和国防业收入的总和，该行业正成为全球经济新的支柱之一。

第四，人与物之间的两两和谐关系遭受挑战。坚持低碳发展是构建社会主义和谐社会的“润滑剂”。它所倡导的低碳价值理念，与“天人合一”、“道法自然”等的中国传统价值观是相通的，都主张人类要控制消费欲望，从而减少人类为争夺资源引发的各种矛盾和冲突，使人与人之间的关系得以调和；并强调要遵循自然规律，实现人与自然的和谐共生，在此基础上，还能实现物与物之间的和谐关系，保护了物种的多样性，防止物种变异和恶性入侵。

第五，我国一直经受“碳政治”的国际压力。坚持低碳发展是应对国际政治压力，树立良好国际形象的必然选择。实质是碳减排与发展权的国际博弈。国内学术界，不乏持保留意见和谨慎态度的，认为实际上“碳政治”是西方发达国家利用人们对科学的信仰、建构的一套科学和政治话语。但大多数学者还是积极地认为，我们应将这种国际压力转变为国内深化政治体制改革的动力，以此促进经济结构升级和技术创新，形成转变发展方式的倒逼机制。

2.1.2 原则与目标

中国经济社会发展正处在重要战略机遇期。中国将落实节约资源和保护环境的基本国策，发展循环经济、绿色经济和低碳经济，保护生态环境，加快建设资源节约型、环境友好型社会，积极履行《气候公约》相应的国际义务，努力控制温室气体排放，增强适应气候变化的能力，促进经济发展与人口、资源、环境相协调。中国应对气候变化的指导思想是：全面贯彻落实科学发展观，推动构建社会主义和谐社会，坚持节约资源和保护环境的基本国策，以控制温室气体排放、增强可持续发展能力为目标，以保障经济发展为核心，以节约能源、优化能源结构、加强生态保护和建设为重点，以科学技术进步为支撑，不断提高应对气候变化的能力，为保护全球气候做出新的贡献。

（1）原则

中国应对气候变化要坚持以下原则：

①在可持续发展框架下应对气候变化的原则。这既是国际社会达成的重要共识，也是各缔约方应对气候变化的基本选择。中国政府早在1994年就制定和发布了可持续发展战略——《中国21世纪议程——中国21世纪人口、环境与发展白皮书》，并于1996年首次将可持续发展作为经济社会发展的重要指导方针和战略目标，2003年中国政府又制定了《中国21世纪初可持续发展行动纲要》。中国将继续根据国家可持续发展战略，积极应对气候变化问题。

②遵循《气候公约》规定的“共同但有区别的责任”原则。根据这一原则，发达国家应带头减少温室气体排放，并向发展中国家提供资金和技术支持；发展经济、消除贫困是发展中国家压倒一切的首要任务，发展中国家履行公约义务的程度取决于发达国家在这些基本的承诺方面能否得到切实有效地执行。

③减缓与适应并重的原则。减缓和适应气候变化是应对气候变化挑战的两个有机组成部分。对于广大发展中国家来说，减缓全球气候变化是一项长期、艰巨的挑战，而适应气候变化则是一项现实、紧迫的任务。中国将继续强化能源节约和结构优化的政策导向，努力控制温室气体排放，并结合生态保护重点工程以及防灾、减灾等重大基础工程建设，切实提高适应气候变化的能力。

④将应对气候变化的政策与其他相关政策有机结合的原则。积极适应气候变化、努力减缓温室气体排放涉及经济社会的许多领域，只有将应对气候变化的政策与其他相关政策有机结合起来，才能使这些政策更加有效。中国将继续把节约能源、优化能源结构、加强生态保护和建设、促进农业综合生产能力的提高等政策措施作为应对气候变化政策的重要组成部分，并将减缓和适应气候变化的政策措施纳入到国民经济和社会发展规划中统筹考虑、协调推进。

⑤依靠科技进步和科技创新的原则。科技进步和科技创新是减缓温室气体排放，提高气候变化适应能力的有效途径。中国将充分发挥科技进步在减缓和适应气候变化中的先导性和基础性作用，大力发展新能源、可再生能源技术和节能新技术，促进碳吸收技术和各种适应性技术的发展，加快科技创新和技术引进步伐，为应对气候变化、增强可持续发展能力提供强有力的科

技支撑。

⑥积极参与、广泛合作的原则。全球气候变化是国际社会共同面临的重大挑战，尽管各国对气候变化的认识和应对手段尚有不同看法，但通过合作和对话、共同应对气候变化带来的挑战是基本共识。中国将积极参与《气候公约》谈判和政府间气候变化专门委员会的相关活动，进一步加强气候变化领域的国际合作，积极推进在清洁发展机制、技术转让等方面的合作，与国际社会一道共同应对气候变化带来的挑战。

（2）目标

中国应对气候变化的总体目标是：控制温室气体排放取得明显成效，适应气候变化的能力不断增强，气候变化相关的科技与研究水平取得新的进展，公众的气候变化意识得到较大提高，气候变化领域的机构和体制建设得到进一步加强。具体体现为：

①控制温室气体排放。通过加快转变经济增长方式，强化能源节约和高效利用的政策导向，加大依法实施节能管理的力度，加快节能技术开发、示范和推广，充分发挥以市场为基础的节能新机制，提高全社会的节能意识，加快建设资源节约型社会，努力减缓温室气体排放。通过大力发展可再生能源，积极推进核电建设，加快煤层气开发利用等措施，优化能源消费结构。通过强化冶金、建材、化工等产业政策，发展循环经济，提高资源利用率，加强氧化亚氮排放治理等措施，控制工业生产过程的温室气体排放。通过继续推广低排放的高产水稻品种和半旱式栽培技术，采用科学灌溉技术，研究开发优良反刍动物品种技术和规模化饲养管理技术，加强对动物粪便、废水和固体废弃物的管理，加大沼气利用力度等措施，努力控制甲烷排放增长速度。通过继续实施植树造林、退耕还林还草、天然林资源保护、农田基本建设等政策措施和重点工程建设，增加碳汇。

②增强适应气候变化能力。加强农田基本建设、调整种植制度、选育抗逆品种、开发生物技术等适应性措施，改良草地，治理退化、沙化和碱化草地，提高农业灌溉用水的有效利用率。加强天然林资源保护和自然保护区的监管，继续开展生态保护重点工程建设，建立重要生态功能区，促进自然生态恢复。通过合理开发和优化配置水资源、完善农田水利基本建设新机制和推行节水等措施，力争减少水资源系统对气候变化的脆弱性，建成大江大河防洪工程体

系，提高农田抗旱标准。通过加强对海平面变化趋势的科学监测以及对海洋和海岸带生态系统的监管，合理利用海岸线，保护滨海湿地，建设沿海防护林体系，不断加强红树林的保护、恢复、营造和管理能力的建设等措施，力争实现全面恢复和营造红树林区，沿海地区抵御海洋灾害的能力得到明显提高，最大限度地减少海平面上升造成的社会影响和经济损失。

③加强科学研究与技术开发。通过加强气候变化领域的基础研究，进一步开发和完善研究分析方法，加大对相关专业与管理人才的培养等措施，使气候变化研究部分领域达到国际先进水平，为有效制定应对气候变化的战略和政策，积极参与应对气候变化的国际合作提供科学依据。通过加强自主创新能力，积极推进国际合作与技术转让等措施，争取在能源开发、节能和清洁能源技术等方面取得进展，农业、林业等相应技术水平得到提高，为有效应对气候变化提供有力的科技支撑。

④提高公众意识与管理水平。通过利用现代信息传播技术，加强气候变化方面的宣传、教育和培训，鼓励公众参与等措施，普及气候变化方面的相关知识，提高全社会的意识，为有效应对气候变化创造良好的社会氛围。通过进一步完善多部门参与的决策协调机制，建立企业、公众广泛参与应对气候变化的行动机制等措施，建立并形成与未来应对气候变化工作相适应的、高效的组织机构和管理体系。

2.1.3 政策规划

中国政府应对气候变化的认识过程经历了抵抗阶段、学习阶段和协力阶段。抵抗阶段指 1997 年 COP3 京都会议前，认为温暖化现象是遥远的未来之事，主要由发达国家工业化发展所导致，是发达国家的责任，减少 CO_2 排放会阻碍我国经济的发展；学习阶段指从 1997 ~ 2005《京都议定书》开始生效期间，一方面受历次 IPCC 报告的影响，另一方面国内异常气候频发，生态破坏严重，如黄河断流、长江泛滥、沙漠化严重，使我们开始对气候变化有了科学认识，认为低碳环保不仅是发达国家的责任，发展中国家也应为人类社会的可持续发展负有责任；协力阶段是指 2005 年以后，“以共同但有区别的责任”为原则，中国在可持续发展的框架下，以对全球环境事务负责任的大国态度，积极制定并实施减缓气候变化的国家政策，把应对气候变化作为重大议题纳入经济社会发展中长期规划。表 2 - 1 总结了 2004 ~ 2012 年我国政府陆续出台的一系列有利于低碳经济发展的法律、法规和政策措施。

表 2 - 1　低碳经济发展的法律、法规和政策措施概要（2004 ~ 2012 年）

时　间	事　件
2004 年 11 月	颁布《节能中长期专项规划》，为扭转能源消费弹性系数大于 1 的趋势，计划到 2010 年使我国 GDP 能源强度从 2003 年的 2. 68 吨标煤/万元降至 2. 25 吨标煤/万元，同期年均节能率要达 2. 2%，并争取到 2020 年提高年均节能率至 3%，能源强度降至 1. 54 吨标煤/万元
2005 年 2 月	颁布《可再生能源法》，支持农村和边远地区开发利用新能源和可再生能源，引进风能技术，广泛进行多项技术示范工程，并用市场手段促进风电的发展
2006 年 3 月	《国民经济和社会发展第十一个五年规划》，把发展低碳经济的有关内容确立为实施可持续发展战略的重要组成部分，提出 2010 年单位 GDP 能耗比 2005 年降低 20% 的约束性目标
2006 年 12 月	发布《气候变化国家评估报告》，提出走“低碳经济”发展道路，并建立减缓气候变化的制度和机制，以减少温室气体的排放
2007 年 6 月	颁布《中国应对气候变化国家方案》，是我国第一部应对气候变化的政策性文件，也是发展中国家在这一领域的第一部国家方案，提出提高能效、建立低排放型社会，加强技术研发和制度创新
2007 年 6 月	发布《中国应对气候变化科技专项行动》，以提升我国应对气候变化的科技能力为目的
2007 年 8 月	发布《可再生能源中长期发展计划》，提出不断提高可再生能源的产业规模、经济性和市场化程度，预计 2010 ~ 2020 年，大多数可再生能源技术可具市场竞争力
2007 年 10 月	发布《核电中长期发展规划（2005 ~ 2020 年）》，标志着中国核电发展进入了新阶段；修订通过的《中华人民共和国节约能源法》出台，为低碳法律体系建设提供重要的补充
2007 年 12 月	发布《中国能源状况与政策》白皮书，将发展低碳经济作为促进能源建设与环境协调发展的重要措施
2008 年 3 月	全国人大会议召开，发展低碳经济作为提案被首次提出； 发布《可再生能源开发第 11 个五年规划》，提出到 2010 年发展可再生能源的具体目标
2008 年 8 月	颁布《循环经济促进法》，为提高资源利用效率，保护和改善环境，实现可持续发展提供了指南纲领；该法于 2009 年 1 月 1 日正式实施

续表

时 间	事 件
2008年10月	发布《中国应对气候变化的政策与行动》第一部白皮书，总结了中国现状，全面介绍了气候变化对我国的影响，提出了适应气候变化的政策，中国对此进行的体制机制建设及指导公民如何行动；此后，每年持续发布该项白皮书
2009年6月	发布《2009年中国可持续发展战略报告》，提出20年内实现每单位GDP能源消费量比2005年降低40%～60%，每单位GDP的二氧化碳排放量降低50%左右的目标
2009年7月	我国31个省、自治区和直辖市编制完成省级应对气候变化的方案，并且大部分省已进入实施阶段；环境保护部开始对低碳产品实行认证制度
2010年3月	温家宝总理的《政府工作报告》中明确强调大力开发低碳技术，建设以低碳排放为特征的产业体系和消费模式
2010年7月	国务院发文，开始在“五省八市”开展低碳省区和低碳城市试点工作
2011年3月	《国民经济和社会发展第十二个五年规划》确立了今后五年绿色、低碳的政策导向，明确应对气候变化的目标任务
2011年3月	发布《中国低碳经济发展报告（2011）》蓝皮书，提出中国人均收入距离碳排放拐点还有3倍差距，我国应坚持在继续保持适度经济增长的同时节能减排的原则
2011年5月	发布《中国低碳经济年度发展报告（2011）》，推出了中国省域低碳经济竞争力指标体系，提出我国低碳经济发展方向
2011年11月	国务院通过《“十二五”控制温室气候排放工作方案》；颁布《中国应对气候变化的政策与行动白皮书（2011）》
2011年12月	公布我国“十二五”可再生能源规划目标，低碳能源是焦点
2012年1月	省级政府开始着手空气质量检测PM2.5执行标准的制定工作，将有力推进低碳经济发展
2012年2月	国务院同意发布新修订的《环境空气质量标准》，部署加强大气污染综合防治重点工作，《环境空气质量标准》自2016年1月1日起在全国实施
2012年6月	国家发改委颁布《温室气体自愿减排交易管理暂行办法》

资料来源：根据近年来国家出台的各类政策法规整理。

由此可见，我国政府尤其是中央政府已为低碳经济的发展作出长期努力，这些法律法规和政策措施为我国切实践行低碳发展指明了方向、树立了目标。近年来我国出台有关低碳发展的法律、法规和政策措施主要包括四个方面的内容：①对相关法律法规进行修订和完善，如修订《可再生能源法》、《循环经济促进法》等法律，颁布《公共机构节能条例》、《民用建筑节能条例》等，出台《中央企业节能减排监督管理暂行办法》等规章；②开展应对气候变化立法前期研究工作，为此政府屡次召开工作、研讨会议；③相关政府部门出台所辖领域的行动计划和工作方案，如海洋、气象、环保等领域，国家六部委共同颁布《气候变化国家评估报告》，科技部的《中国应对气候变化科技专项行动》；④把低碳经济的发展纳入一些列重大政策性文件，制定了《应对气候变化国家方案》，并在国家可再生能源发展规划、政府工作五年规划纲要中都有重点部署，如《节能减排综合性工作方案》、《节能减排全民行动实施方案》、《可再生能源中长期发展规划》、《核电中长期发展规划》、《中国应对气候变化的政策与行动》白皮书（2008 年 10 月），此后每年都颁布该项目的白皮书、《新能源和可再生能源产业发展“十二五”规划》。总体来看，到目前为止《循环经济促进法》、《清洁生产促进法》、《可再生能源法》对促进我国低碳经济的发展具有重要意义，直接助推节能减排、提高能效和促进新能源、可再生能源的开发。但是仍没有专门应对气候变化的法律，相关法律、法规、条例、标准的修订需进一步深入开展。

2.2　我国低碳发展的 SWOT 分析

SWOT 分析法是 20 世纪 80 年代初由美国旧金山大学 H·Weihric 教授提出的，该方法是对系统或机构的内部优势（Strength）和劣势（Weakness），外部机遇（Opportunity）和威胁（Threat）进行分析，然后寻求最优的发展战略。

2.2.1　优势

我国发展低碳经济具有先天优势：一是通过结构调整、技术革新和改善管理等途径，实现节能减排的余地较大；二是减排成本低。相对于发达国家，我国的减排成本比较低，为了遏制全球气候变暖、减少二氧化碳等温室气体排放，《联合国气候变化框架公约》规定发达国家有义务向发展中国家提供技术转让，这种技术转让的规定能够降低我国低碳技术的研发成本，根据框架公约规定每吨成本不超过 30 美元，而中国的每吨成本大体在 15 美元，进而达到降低减排成本。三是后发优势。中国经济发展与传统工业化国家相比，在扩张过程中建立新设备新企业的成本要比改造更新旧企业旧设备成本低，与日本、美国、欧洲相比，中国可以以较低的成本来发展低碳经济。

同时也具有后天优势：一是，政策立法支持。如前文所述，为强化应对气候变化的措施，我国已经制定了一系列的法律、法规、政策措施，为我国发展可再生能源和新能源、提高能源利用效率、节约能源资源、控制温室气体排放以及增强对气候变化能力有法可依，提供了良好的制度环境，为国际科技合作创造了有利条件，为我国低碳发展提供了基本的法制保障。二是，制度创新稳妥。中国低碳发展过程中，在节能、风能和光伏三个领域中已经形成了三种不同的政策执行模式。节能政策执行是基于政府行政体系、自上而下的压力传导模式；风电开发是在政府引导下、依靠市场机制自发执行的模式；太阳能光伏是自下而上的企业－产业推动模式。此外，“十一五”以来，中国节能监管和政策执行体系发生了根本性变革。节能目标责任制的建立将计划经济时期形成的以专业工业管理部门为执行主体的、“条”为基本架构的政策执行体系，转变为以地方各级人民政府为执行主体的“块”型体系。这是迄今为止中国节能监管体系中最为重大的结构性变革，也是近年来中国低碳发展中最引人注目的制度创新。其中，低碳发展试点是中国低碳发展政策和制度创新的关键途径。地方政府充分利用领导优势、规划优势、执行优势和资源优势，推动了低碳试点工作的发展。两年来，低碳试点在能力建设、低碳发展手段、低碳内涵等方面做了大量探索，并因地制宜积极发展各种模式。

2.2.2 劣势

我国发展低碳经济面临诸多不利条件：

①发展阶段，中国目前正经历着工业化、城市化快速发展的阶段，城市人口增长、消费结构升级和城市基础设施建设使得对能源的需求和温室气体排放不断增长。目前而言，我国经济发展水平仍较低，人均 GDP 还远落后于西方发达国家；大部分地区仍处于工业化的中、初级阶段，全国整体处于工业化中期的后半阶段；城市化率仍在进一步扩大中，据估计 2030 年前，我国的城市化率仍将维持每年约 1%（约 1400 万人）的增长速度，越来越多的人要走向城市，逐步过上现代化的生活，城市基础设施建设、住宅等需求显著增加，这些都导致了我国城市二氧化碳排放量只会增加，不可能降低。

②发展方式，粗放式的发展对能源、资源依赖度较高，单位 GDP 能耗和主要产品能耗均高于主要能源消耗国家的平均水平。长期以来，我国经济发展的这种粗放型增长方式主要特征有两个，一是将经济增长植根于对自然资源的大量耗费的基础上；二是依靠增加投资来带动经济增长，这种增长方式需付出高额代价，在经济起飞早期会起到促进经济增长的作用，但经济发展到一定程度后，由于资金和资源都是有限的，二者难以成为经济持续增长的保障条件，粗放型增长方式不但不能促进增长，而且会成为持续增长的桎梏，也成为制约我国低碳发展的重要因素。

③资源禀赋，“富煤贫油少气”的能源资源结构，决定了能源的高消耗过程伴随着 CO_2 的高排放。我国长期以煤为主的这样一种高碳能源结构，是我国向低碳发展模式转变的一个长期制约因素。我国以煤、石油等化石能源为基础的技术系统，以及在此基础上粗放的能源利用系统，决定了随后的技术系统与利用系统，倘若继续沿用传统技术，未来我国实践温室气体减排或限排时，却可能被这些投资“锁定”。因此，我国能源结构的高碳锁定的路径，在未来相当长的时期内难以根本改变，我国经济短期内难以走上低碳经济发展之路。

④贸易结构，中国产业仍处于世界产业链低端位置，在产业技术含量、附加值和竞争力等方面均与发达国家有较大落差。内涵能源是指产品上游加工、制造、运输等全过程所消耗的总能源，是影响碳排放量的一个重要因素。以中国为代表的发展中国家，由于处于世界产业链低端，出口产品集中在低技术、高耗能、高污染的劳动密集型和资源密集型产品上，属于低端加工产业链中环境污染密集、能源耗费密集型产业，因此在关注国内碳排放措施的同时，减少国际贸易内涵能源输出具有重要的战略意义。

⑤技术水平落后，我国整体科技水平落后，低碳技术的研发与储备不足，引进力度不够，应用欠缺。总体技术水平落后是我国发展低碳经济的严重障碍。目前现有的技术水平特别是新能源技术、节能技术等低碳技术远落后于发达国家。并且，西方发达国家在对我国低碳技术转让中存在漫天要价的问题，尽管《联合国气候变化框架公约》规定，发达国家有义务向发展中国家提供技术转让，但实际情况是我国只能通过国际技术市场购买引进。据国家统计局统计，为达到 2020 年的减排目标，我国总共所要投入的资金至少在 1.6 万亿

元以上，这对我国未来的经济发展必然是一个沉重负担。

2.2.3 机遇

低碳发展为我国实现经济方式的根本转变提供了难得的机遇。走低碳发展道路，既是应对全球气候变化的根本途径，也是我国国内可持续发展的内在需求。低碳发展有利于突破我国经济发展过程中资源和环境瓶颈性约束，走新型工业化道路；有利于顺应世界经济社会变革的潮流，形成完善的促进可持续发展的政策机制和制度保障体系；有利于推动我国产业升级和企业技术创新，打造我国未来的国际核心竞争力；有利于推进世界应对气候变化的进程，进一步树立我国对全球环境事务负责任的发展中大国的良好形象。具体而言：

①中国正在走一条赶超型或压缩型的工业化道路，已进入工业化中期，取得令人瞩目的经济成绩，但也付出了沉重的资源和环境代价。面对环境污染、资源和能源短缺等硬约束，中国必须寻求新的发展道路，才有可能突破经济增长的“瓶颈”。在当前应对金融危机和气候危机的背景下，国际经济结构和贸易规则正在发生变化，我国有机会凭借后发优势实现跨越式发展。低碳发展意味着我国能够避免走西方国家的高消耗、高污染的工业化发展道路，走出一条低消耗、低排放的新型工业化道路。我国转向更为高效的低碳产业结构，直接步入低碳经济发展阶段，这有利于我国保持国际贸易领域的持久竞争力。如果说低碳经济是全球在气候变化背景下的必然选择，那么对于中国来说，其战略着眼点之一就在于以和平方式突破生存局限。通过低碳发展，中国在减少自身碳排放和能源消耗的同时，也可以缓解在国际气候政治中的压力，减少在此问题上与其他国家的摩擦，从而营造一个良好的国际发展环境。在此基础上，中国可以进一步推动全球气候合作进程，为人类生存与发展做出更大的贡献，从而提升中国在国际上的地位。

②全球应对气候变化行动引发的国家间在政治、经济、贸易等方面的激烈竞争形势，成为中国推进技术自主创新的巨大驱动力和重要机遇，技术自主创新已成为中国实现低碳发展的关键对策。中国应对气候变化的核心技术作为技术自主创新体系的重要领域，以超常规措施大规模发展和推广低碳技术。此外，全球应对气候变化伴随着激烈的技术竞争，也给中国技术进步带来重要机遇。中国可通过加强技术转移谈判获得发达国家的技术支持，从发达国

家引进相关技术，实现技术跨越式发展，同时，我国科研队伍日益庞大，科学技术水平不断提高，这些都为我国研发低碳技术、实现低碳发展提供了千载难逢的机会。

③中国企业已经在多个低碳产品和服务领域取得世界领先地位，其中可再生能源相关行业最为突出。中国有可能成为世界最大的碳交易市场、最大的低碳环保节能市场、最大的低碳商品生产基地和最大的低碳制品出口国。如果能在国际贸易规则中进一步促进低碳产品的国际流通，培养竞争优势，我国低碳产品的整体竞争力将进一步提升。目前，国际碳交易市场的蓬勃发展为我国带来了前所未有的机会。目前我国碳排放权交易的主要类型是基于项目的交易，即在我国，碳交易更多的是指依托清洁发展机制（CDM）产生的交易。由于存在巨大的减排成本差异，发达国家的企业积极进入我国寻找合作项目。据世界银行的统计，从 2006 年到 2008 年，我国的 CDM 项目占全球该项目的比例逐年递增，分别为 54%、73% 和 84%，远远领先于其他发展中国家。据估算，2012 年，我国通过 CDM 项目减排额的转让收益已达数十亿美元。

2.2.4　挑战

（1）对中国现有发展模式提出了重大的挑战

自然资源是国民经济发展的基础，资源的丰度和组合状况，在很大程度上决定着一个国家的产业结构和经济优势。中国人口基数大，发展水平低，人均资源短缺是制约中国经济发展的长期因素。世界各国的发展历史和趋势表明，人均二氧化碳排放量、商品能源消费量和经济发达水平有明显相关关系。在目前的技术水平下，达到工业化国家的发展水平意味着人均能源消费和二氧化碳排放必然达到较高的水平，世界上目前尚没有既有较高的人均 GDP 水平又能保持很低人均能源消费量的先例。未来随着中国经济的发展，能源消费和二氧化碳排放量必然还要持续增长，减缓温室气体排放将使中国面临开创新型的、可持续发展模式的挑战。

（2）对中国以煤为主的能源结构提出了巨大的挑战

中国是世界上少数几个以煤为主的国家，在 2011 年全球一次能源消费构成中，煤炭仅占 30.3%，而中国高达 70.4%。与石油、天然气等燃料相比，单位热量燃煤引起的二氧化碳排放比使用石油、天然气分别高出约36%和61%。由于调整能源结构在一定程度上受到资源结构的制约，提高能源利用效率又面临着技术和资金上的障碍，以煤为主的能源资源和消费结构在未来相当长的一段时间将不会发生根本性的改变，使得中国在降低单位能源的二氧化碳排放强度方面比其他国家面临更大的困难。

（3）对中国能源技术自主创新提出了严峻的挑战

中国能源生产和利用技术落后是造成能源效率较低和温室气体排放强度较高的一个主要原因。一方面，中国目前的能源开采、供应与转换、输配技术、工业生产技术和其他能源终端使用技术与发达国家相比均有较大差距；另一方面，中国重点行业落后工艺所占比重仍然较高，如大型钢铁联合企业吨钢综合能耗与小型企业相差200千克标准煤左右，大中型合成氨吨产品综合能耗与小型企业相差300千克标准煤左右。先进技术的严重缺乏与落后工艺技术的大量并存，使中国的能源效率比国际先进水平约低10个百分点，高耗能产品单位能耗比国际先进水平高出40%左右。应对气候变化的挑战，最终要依靠科技。中国目前正在进行的大规模能源、交通、建筑等基础设施建设，如果不能及时获得先进的、有益于减缓温室气体排放的技术，则这些设施的高排放特征就会在未来几十年内存在，这对中国应对气候变化，减少温室气体排放提出了严峻挑战。

（4）对中国森林资源保护和发展提出了诸多挑战

中国应对气候变化，一方面需要强化对森林和湿地的保护工作，提高森林适应气候变化的能力，另一方面也需要进一步加强植树造林和湿地恢复工作，提高森林碳吸收汇的能力。中国森林资源总量不足，远远不能满足国民经济和社会发展的需求，随着工业化、城镇化进程的加快，保护林地、湿地的任务加重，压力加大。中国生态环境脆弱，干旱、荒漠化、水土流失、湿地退化等仍相当严重，现有可供植树造林的土地多集中在荒漠化、石漠化以及自然条件较差的地区，给植树造林和生态恢复带来巨大的挑战。

（5）对中国农业领域适应气候变化提出了长期的挑战

中国不仅是世界上农业气象灾害多发地区，各类自然灾害连年不断，农业生产始终处于不稳定状态，而且也是一个人均耕地资源占有少、农业经济不发达、适应能力非常有限的国家。如何在气候变化的情况下，合理调整农业生产布局和结构，改善农业生产条件，有效减少病虫害的流行和杂草蔓延，降低生产成本，防止潜在荒漠化增大趋势，确保中国农业生产持续稳定发展，对中国农业领域提高气候变化适应能力和抵御气候灾害能力提出了长期的挑战。

（6）对中国水资源开发和保护领域适应气候变化提出了新的挑战

中国水资源开发和保护领域适应气候变化的目标：一是促进中国水资源持续开发与利用，二是增强适应能力以减少水资源系统对气候变化的脆弱性。如何在气候变化的情况下，加强水资源管理，优化水资源配置；加强水利基础设施建设，确保大江大河、重要城市和重点地区的防洪安全；全面推进节水型社会建设，保障人民群众的生活用水，确保经济社会的正常运行；发挥好河流功能的同时，切实保护好河流生态系统，对中国水资源开发和保护领域提高气候变化适应能力提出了长期的挑战。

（7）对中国沿海地区应对气候变化的能力提出了现实的挑战

沿海是中国人口稠密、经济活动最为活跃的地区，中国沿海地区大多地势低平，极易遭受因海平面上升带来的各种海洋灾害威胁。目前中国海洋环境监视监测能力明显不足，应对海洋灾害的预警能力和应急响应能力已不能满足应对气候变化的需求，沿岸防潮工程建设标准较低，抵抗海洋灾害的能力较弱。未来中国沿海由于海平面上升引起的海岸侵蚀、海水入侵、土壤盐渍化、河口海水倒灌等问题，对中国沿海地区应对气候变化提出了现实的挑战。

2.3　试点地区和城市的低碳发展现状

2.3.1　基本情况概述

2010 年 7 月 19 日，国家发改委发布《关于开展低碳省区和低碳城市试点工作的通知》，确定广东、辽宁、湖北、陕西、云南五省和天津、重庆、深圳、厦门、杭州、南昌、贵阳、保定八市为我国第一批国家低碳试点。2012 年 11 月 26 日国家发改委下发《国家发展改革委关于开展第二批低碳省区和低碳城市试点工作的通知》，确立了包括北京、上海、海南和石家庄等 29 个城市和省区成为我国第二批低碳试点。党的十八大报告提出要建设美丽中国，第二批试点可被视为国家发改委落实建设美丽中国的重要举措之一，体现了国家在应对气候变化方面的意志和决心。至此，我国已确定了6个省区低碳试点，36个低碳试点城市，至今中国大陆31个省市自治区当中除湖南、宁夏、西藏和青海以外，每个地区至少有一个低碳试点城市，低碳试点已经基本在全国全面铺开。下文将总结一些做法积极的省份和城市的低碳发展经验。

1）省级单位低碳发展经验

（1）陕西省：推进生态文明建设

着力推进生态文明建设成为陕西省政府2013年的主要工作之一，完善生态文明的体制机制，加强新项目节能评估和环境影响评价，健全节能减排指标监测和考核体系，继续完善生态补偿和排污权交易制度，加快建立节能减排倒逼机制，加速淘汰改造高能耗、高污染企业。狠抓节能减排不放松，加强重点领域、重点问题的综合治理。积极建设低碳示范省，强化新设备、新技术、新工艺应用，全面推进工业、建筑、交通和公共机构的节能，严格控制主要污染物排放，全力打好渭河污染防治三年行动攻坚战。加强机动车氮氧化物排放控制，搞好燃煤电厂和重点非电行业脱硫脱硝，推行城镇垃圾分类无害化处理。进一步做好农村环境整治工作，建设43个农村环境连片整治示范县。开展工业企业“退城入区行动”，在西安市主城区首先实施。继续加强关中和陕北城市的大气联防联控，开展重点城市细颗粒物的监测治理。

加强生态系统的保护和建设，加大生态恢复与保护力度，搞好南水北调水源地保护工作，实施秦岭北麓治理工程，启动昆明池水利工程项目，加强对煤炭采空区和塌陷区的综合整治。全面清理闲置土地，节约集约用地。实施最严格的水资源管理，积极推广中水利用。继续实施林业重点工程，巩固退耕还林的成果，全年造林400万亩，绿化高速公路、国省道、铁路沿线3300公里，新增治理水土流失面积6500平方公里。

（2）云南省：拟收取拥堵费上涨停车费

《云南省“十二五”节能减排规划》中提到将通过提高停车费标准、收取拥堵费等，提高小汽车使用成本，降低运输能耗和缓解拥堵，降低小汽车出行率，鼓励公众出行乘坐公共交通工具。同时鼓励媒体揭露和曝光浪费资源、严重污染环境的案例，并及时将处理结果公布于众，增强全民节能减排的意识和责任。规划还提出，要充分利用高原炙热的阳光，率先在单位屋顶建光伏发电系统。到 2015 年，云南将争取新增太阳能热利用与建筑一体化使用面积 50 万平方米，太阳能热利用建筑一体化使用面积累计达 150 万平方米；太阳能热水器利用面积累计达 1050 万平方米。为了实现建筑节能环保，新开工房屋工程要按照国家建筑节能强制性标准完成设计和施工图审查执行率为 98%，竣工验收阶段执行节能设计标准比例达到 95%。到 2015 年，全省风电投产装机达 350 万千瓦以上，全省综合废旧物资回收利用率要达到 70% 以上，城市生活垃圾无害化处理率达到 100%。宾馆和餐饮也要打出“绿色牌”，在“十二五”期间，各州（市）每年选 5 家宾馆、餐饮企业、商场按照绿色标准进行能源改造及绿色改造作为示范，并在全省推广。通过政府引导，企业投资或采用合同能源管理模式，到 2015 年绿色饭店数量达到 200 个。要在省和州（市）建立分行业节能减排服务机构，逐步在 16 个州（市）建立第三方节能减排量认证机构。并建立起全省统一的节能减排统计数据信息平台。开展国家机关办公建筑和大型公共建筑能耗检测平台建设，扩大节约型校园建设试点范围，做好 30 个节约型平台建设和示范，实施 100 个示范点。每年选择有条件的 5 个城镇为生态城镇建设示范试点，重点实现城镇建筑、基础设施、公共交通等低碳化。

（3）河北省：开展省级低碳试点

据河北省相关政府部门介绍，该省 2013 年将全力完成节能减排任务，构建循环型产业体系，并选取 11 个小城镇、11 个园区、22 家企业开展省级低碳试点，积极推广低碳产品，通过建立支持试点的配套政策和评价指标体系，形成一批具有典型示范意义的试点单位。2013 年，河北省节能减排工作的主要思路之一是发展循环经济，构建循环型产业体系，拟出台并实施循环经济专项规划，以实施项目为抓手，推进农业生态化、工业循环化、服务业绿色化发展，力促构建循环型产业体系迈出坚实步伐。该省将实施循环经济专项行动。组织实施资源综合利用、“城市矿产”基地建设、园区循环化改造等循环经济十大专项。突出抓好石家庄市、唐山市餐厨垃圾资源化利用和无害化处理，沧州临港经济技术开发区园区循环化改造，瑞兆激光、长城汽车、省物流产业集团再制造等国家循环经济试点工作。支持列入国家资源综合利用“双百工程”的重点企业建成一批综合利用项目。与此同时，将抓好试点促低碳，把发展低碳经济作为节能减排的重要推力，着力加强。

（4）山西省：逐步开展试点低碳社区建设

据2013年1月10山西省印发的《山西省“十二五”控制温室气体排放工作方案》介绍，“十二五”期间，该省将结合保障性住房建设和城市房地产开发，按照绿色、便捷、节能、低碳的要求，在全省逐步开展低碳社区试点建设。山西省将综合运用调整产业结构、优化能源结构、节约能源、提高能效和增加碳汇等多种手段推进低碳试点，在全省形成一批特色鲜明的低碳市（县），建成部分具有典型示范意义的低碳园区（企业）和低碳社区。“十二五”期间，该省将积极争取国家低碳城市试点示范，循序渐进开展低碳发展试验试点工作。加快建立以低碳为特征的工业、建筑、交通体系，同时依托现有高新技术开发区、经济技术开发区和循环经济示范园区等各类开发区和产业集聚区，在全省开展低碳园区和低碳企业试点。

（5）上海：践行“低碳城市”的排头兵

上海市在打造“低碳城市”中，着重关注对建筑节能，从办公楼、宾馆、商场等大型商业建筑中选择试点，公开能源消耗情况，进行能源审计，提高大型建筑能效，并对公共建筑的物业管理人员进行培训，提高其节能运行能力。同时，利用国际合作新能源项目，推动区域低碳实践，建立以工业低碳化为主要特征的南汇区临港新城，以低碳农业及自然保护区为特征的崇明岛“低碳经济实践区”，以中心城区、服务产业区低碳化为特征的“虹桥商务区”。同时，上海还将世博园区作为低碳经济发展的重点探索区，以世博会的举办为契机，继续调整产业结构、优化能源结构和推广低碳技术。此外，上海还于2011年8月率先成立低碳教育推进专家委员会，同月发布新能源规划调整，9月世界新能源（光伏）交易中心在上海开业。

（6）北京：碳减排成绩骄人

从“绿色奥运”到“绿色北京”，北京率先建成低碳城市具有产业结构优化升级速度加快，节能减排力度加大，生态环境建设成果显著，政府引导发展机制逐步确立的诸多优势。在过去10年里，北京碳排放总量年均增速为1.87%，人均排放增长率为-0.66%，均为全国城市最低，同时也是唯一负增长的城市。从单位GDP碳排放增长率来看，北京下降也最明显，增长率为12.81%。此外，北京市“十二五”期间规划投资56亿元，提升职能交通，鼓励绿色出行；2011 年 8 月 31 日发布了《“十二五”时期民用建筑节能规划》，提出了今后五年建筑节能的发展目标、工作重点和保障措施。

2）城市低碳发展经验

（1）河北保定：打造内地首个低碳城市

保定是与上海共同入选首批世界自然基金会试点的城市，其试点意义主要是发展节能产业，目前已经形成六大产业体系，即光电、风电、节电、储电、输变电与电力自动化。为努力建设资源节约、环境友好的“两型社会”，积极实施中国电谷建设工程、“太阳能之城”建设工程、城市生态环境建设工程、办公大楼低碳化运行示范工程、低碳城市交通体系集成工程等六大工程，发展以新能源、文化创意、文化旅游为主导的绿色产业。

（2）吉林（市）：老工业基地的“低碳”转身

2010 年 3 月 19 日，中国社科院、国家发改委能源研究所和英国查塔姆研究所等 5 家中外研究机构共同发布了我国首个低碳城市评价标准体系，以吉林市建设低碳城市为案例形成了详细的规划报告，吉林市成为适用此标准的东北首个案例。低碳城市评价指标体系包括低碳产出、低碳消费、低碳资源和低碳政策四个一级指标，低碳产出下设碳生产力、重点行业单位产品能耗两个二级指标，低碳消费下设人均碳排放、人均生活碳排放两个二级指标，低碳资源下设非化石能源占一次能源比例、森林覆盖率、单位能源消费三个二级指标，低碳政策下设低碳经济发展规划、建立碳排放监测、统计和监管体系、公众低碳经济知识普及程度、建筑节能标准执行率、非商品能源激励措施和力度六个二级指标。

（3）深圳：部市共建低碳生态示范市

2010 年 1 月 16 日，深圳市与住房和城乡建设部签订“低碳城市”规划合作协议，由此形成部市共建低碳示范市的模式：以“绿色建筑”为突破口，转变经济增长模式、推动产业结构转型升级，积极探索建设低碳产业、公共交通、绿色建筑和提高资源利用效率等。2011 年 8 月 17 日，《深圳市建设低碳交通运输体系试点实施方案》通过专家评审；2011 年 9 月深圳出台《深圳市工商业低碳发展实施方案（2011～2013）》，提出建立健全低碳发展市场体系。

（4）沈阳：低碳示范城

2009年6月12日，沈阳市成为我国唯一的“生态示范城”，沈阳经济技术开发区和沈阳高新园区被联合国环境规划署正式确立为“生态城”示范项目。该项目以低碳技术为着眼点，为期3年，从企业、工业园区和区域城市三个层面展开，联合国对这一项目给予重要的技术支持和宣传支持，不直接投入资金，示范企业全力推进低碳技术的应用，并由工业园区科学组织企业间排放物循环利用，区域城市也将对各种生活垃圾进行细化分类处理以提高资源回收再利用水平。这些都将影响国家和地方环保政策的制定和环保投入。此外，沈阳市政府计划“十二五”投入10.97亿元建设节能建筑；并计划推进“西气东输”工程，启动天然气公交；2011年开始实施清洁能源推广工程，供暖有望“气”代“煤”。

（5）无锡：执行力强的《无锡低碳城市发展战略规划》

由中国可持续发展研究会、中国环境规划院、中国社会科学院、上海市环境科学研究院、清华大学等科研院所及相关部门的50多位低碳专家对《无锡低碳城市发展战略规划》（以下简称《规划》）进行论证并通过。《规划》明确了低碳产业、低碳交通、低碳建筑、低碳消费等重点发展领域的任务，对该市的农业和碳汇、现代产业体系、交通、建筑、消费和生活5大领域的碳排放现状进行调研和分析，提出了2015年和2020年的低碳城市发展目标，并制定了详细的低碳发展路线图和时间表，有利于具体有效地落实执行。

2.3.2 经验总结

低碳城市建设虽然在实践上各城市构成和重点有所不同，但都有相对固定的要素，包括：目前各部门碳排放情况通过大型项目推动低碳化发展、转变能源使用结构政策、低碳城市理念宣传教育、市政府机构高度重视等。归纳起来就是从城市的四项基本功能入手，为达到减少碳排放和适应气候变化的目的，而制定居住、就业、交通和游憩相关的各部门的碳排放目标和行动计划。基于此，各城市根据自身发展阶段和发展侧重点的不同，结合城市特色分别选择适合城市低碳建设发展路径的行动内容。上文中案例城市内容比较如表2－2所示。

表 2－2　案例城市内容比较

城市		上海	保定	吉林（市）	深圳	沈阳	无锡	北京
目标		○	○	●	○	○	●	○
建设实践	居住减排	●	○	●	●	●	●	●
	交通减排	○	●	●	●	●	●	●
	商业减排	●	○	○	●	○	○	○
	工业减排	○	●	●	○	○	●	●
	能源减排	●	●	●	○	●	●	●
	新发展区减排	●	○	○	○	●	○	○
	减排教育	●	○	○	○	○	○	●
	城市规划	○	○	●	○	○	○	●
	政府部门先行	○	●	○	○	●	○	○
	实施评估	○	○	●	○	○	○	○
建设　实践　特点		重视开展低碳教育	重点在能源领域节能减排	较为完备的低碳发展体系	低碳发展与居民联系紧密	政府部门自从我做起	低碳发展目标明确	在多个领域发展低碳产业

●：包括；○：不包括。

国内低碳城市建设与国外相比，目前在发展模式、实践要点、空间发展策略及相关保障措施等方面存在差异，需要进一步发展与完善。

（1）发展模式

目前国外低碳城市的发展模式可归纳为基底低碳、结构低碳、形态低碳、支撑低碳、行为低碳五个方面，其具体实践手段涉及能源更新、产业转型、推行循环经济、构建紧凑城市、优化城市生态网络、发展绿色交通、推广低碳技术和鼓励节能行为等诸多内容。如哥本哈根的低碳发展涉及面较广，几乎涵盖上述发展模式所有层面，是一种综合型发展模式，国外城市采用这种模式进行低碳城市建设的案例较多。国内也有诸如上海、厦门、杭州、武汉、杭州、无锡、贵阳等城市提出进行综合型低碳城市建设，但现阶段均停留在宏观战略规划上，且国内案例城市的发展模式趋同现象突出：相当数量的城市遵循以保定为代表的立足新能源和低碳产业发展的产业主导型模式和以天津中新生态城为代表的新区示范型模式。据此，2012 年 12 月 26 日国家发改委印发了关于开展第二批国家低碳省区和低碳城市试点工作的通知，目的是探寻不同类型地区控制温室气体排放路径、实现绿色低碳发展，要求试点省区和城市要有地方特色。

（2）实践要点

在实践层面，与国外低碳城市建设相比，国内的低碳城市建设尚处于初步探索阶段，主要体现在能源更新、交通减排和建筑节能三个方面。在能源更新方面，主张风能、水能、太阳能等新型清洁能源发电并入电网。在交通减排方面，着力推广使用清洁能源的汽车及 BRT 等环保交通方式；开展自行车专用道建设等。在这方面目前特别值得关注的是 2013 年 1 月北京地区连续多天 PM2.5 严重超标，加速了“国五”标准的出台，也推动了《北京市大气污染防治条例（草案）》的出台，条例规定大气污染期间，该市将根据车辆状况，拟在一定区域内采取机动车限行的交通管制措施，对违反规定排放大气污染物，造成严重污染，构成犯罪的，依法将追究刑责。在建筑减排方面，通过制定或引入相关绿色建筑标准推进建筑节能；由于我国南北建筑存在巨大差异，我国城市居民冬季采暖要以节能减排为首要目标，北方集中供暖城市继续深入开展“热改”，南方城市应遵循舒适、高效、节能和环保的原则灵活选择采暖方式。

（3）空间发展策略

在国内低碳城市建设案例中，唐山曹妃甸生态城、上海崇明岛东滩生态城、天津中新生态城以及深圳光明新城案例均有涉及城市空间形态规划的内容：曹妃甸生态城注重邻里社区的步行尺度与高效路网的平衡以及城市在一定程度上的紧凑，并强化一些特殊地点如城市节点和公共街道沿线的高密度和土地混合使用程度；上海崇明岛东滩生态城强调较低的生态足迹和较高的居住密度；天津中新生态城以绿色交通为支撑构建紧凑型城市布局，并以生态廊道和生态社区作为城市基本构架；深圳光明新城则以 TOD 模式为基础组织清晰、密实的城市肌理，形成较高的城市建设覆盖率。但在实现城市空间紧凑发展方面与国外先进城市相比仍显不足，如伦敦在 2004 年制定的《大伦敦空间战略规划》中即强调建成区规模不再扩大，保护大伦敦外围绿带以及市内绿地等公共开敞空间，增加土地开发强度，城市空间发展以竖向为主，发展紧凑型城市；哥本哈根几十年来形成的以区域轨道交通为骨架的“手形”紧凑形态实质上是规模较小的城市实现低碳发展的理想空间形态。

（4）相关保障措施

近年来国内城市通过政府机构出台了相关法令或标准等方式保障低碳城市规划策略的实施。如唐山曹妃甸生态城和天津中新生态城出台了相关评估体系，尝试建立兼具科学型、系统型和可操作性的评估体系来引导和保证该地区的低碳发展，其中天津中新生态城的评估体系有望成为城市新区低碳生态建设的国家标准。但总体来看，国内大多数城市的低碳城市规划仍停留在宏观策略层面，相关保障措施缺乏。

第3章　空间格局的内涵与研究进展

3.1　空间格局的内涵

3.1.1　基本概念

（1）空间

《辞海》里主要从物理学意义上界定空间的概念，认为空间是与时间相对的一种物质存在形式，表现为长度、宽度、高度。空间和时间是事物之间的一种次序。空间用以描述物体的位形；时间用以描述事件之间的先后顺序。空间是物质存在的广延性，时间是物质运动过程的持续性和顺序性，同物质一样，它们是不依赖于人的意识而存在的客观实在，是永恒的。空间、时间同运动着的物质是不可分割的，没有脱离物质运动的空间和时间，也没有不在空间和时间中运动的物质。空间和时间又是相互联系的。就宇宙而言，空间和时间是无限的，空间无边无际，时间无始无终，就每一个具体的个别事物而言，则时间和空间都是有限的。自然科学中度量空间和时间通过度量单位的选定和参考系的建立而进行。量度单位以某物体在一选定参考系中的尺度或稳定运动为依据。

在现实生活中，“空间”常常用于表述由物质实体限定的具有可容纳性的“虚空”，这里物质实体的“实”和可容纳虚空的“虚”相互依存，构成了空间的最基本要素。早在2000多年前老子就对空间做了哲理性的描述：“埏填以为器，当其无，有器之用。凿户牖以为室，当其无，有室之用，故有之以为利，无之以为用。”这里的“有”与“无”即对应了空间的“实”与“虚”。这种可容纳性的空间也被外延到非物质领域，基本的理解方式是把某种非物质要素认定为一定的实体，从而形成空间的界定。

以上对空间的理解是针对三维逻辑空间的描述，没有涉及人的活动。当人在动态地使用空间的时候，空间不再是静态的三维空间，而是加入了时间的思维空间，变成了“场所”。场所是人类活动空间的特别界定，不同的场所具有不同的性格，从而适应不同的人类活动。人的生存是空间性的，当人把他的生存空间外化为建筑空间以后，就找到了存在的立足点，就达到了真正的定居。多幢建筑围合成了庭院，多个庭院组成了村落或排成了街道，多条街道构成了城市。建筑空间概念由内部扩展到了外部空间领域，城市空间这一概念便产生了。因而，在城市中，空间就是城市物质实体在某一时段的存在方式，在二维上表现为城市功能用地布局，在三维上表现为城市中各物质实体及其所限定的可容纳的虚空。

（2）地理学和空间

自古以来，地理学家们就一直从两个紧密相关的视角来研究和分析地球表面：其一是空间的区分及其与现象相结合的视角，这一视角强调空间、空间关系以及场所的含义；其二是人与自然环境相关联的视角。这两个视角之所以紧密相关，原因在于空间和场所的含义均依赖于自然、人类活动（这种人类活动总是处于某一空间中）、人与环境（这种环境形成于某一空间或场所中）是关系这三者之间的相互关联，这两个视角都同样强调景观的概念以及人类对地面环境的影响。

（3）网络空间

空间有宇宙空间、网络空间、信息空间、思想空间、数学上的空间等，都属空间的范畴。近年来，信息理论的不断创新与成熟，网络空间、信息空间和思想空间这三个空间理论具有一定的代表性。网络空间是三个概念中最常用的一个，指全球范围的互联网系统、通信基础设施、在线会议体系、数据库等一般称作网络的信息系统。网络空间发展最快、是世界上势力与所有权范围最新的领地。无论在哪一个国家，都是当前最大的项目之一，网络空间这一术语也成为最流行的词汇之技术的一面。网络空间比信息空间或思想空间更受限制些，表现在其主要表示网络（这一似虚而实的事物）。但有些定义也跨出了互联网的范畴，如那些与网络空间有关的，影响重要基础设施的公共电话网、电力网、石油天然气管道、远程通信系统、金融票据交换、航空控制系统、铁路编组系统、公交调度系统、广播电视系统、军事和其他政府安全系统等。

（4）信息空间

信息空间最初从电子信息技术引出的具有节点及其联系关系的虚拟空间，与一般说的网络空间不同在于后者一般是物理的、现实的。信息空间是指随着互联网和“电子商业”的迅速发展，人类正在被带入到一个新的世界环境之中。目前的互联网的功能是把各个网址连接起来。信息空间的主要功能是供人们进行数据的获取和处理及传送电子邮件，而信息空间将是人们进行交流、活动的一个新的场所，它是全球所有通信网络、数据库和信息的融合，形成一个巨大的、相互关联、具有不同民族和种族特点相互交流的“景观”，是一个三维空间。在不久的未来，全球网络的融合将改变单个网络的特性，网络将能不再只是简单地作为一种人们进行交流的中介，而将创造出一个“全球网络生态”，人们将能够在“全球网络生态”环境下从事各种活动。这就是信息空间。

（5）思想空间

思想空间由法国神学家和科学家 Pierre Teilhard de Chardin 在 1925 年首创，并通过 20 世纪 50 和 60 年代他去世后出版的著作而传播开来。依据他的观点，世界首先进化出地理空间，然后生物空间。由于人们得以在世界范围内联系交流，于是世界开始出现思想空间，他将此描述成许多形式，如跨全球的思想领地、思想线路、巨大的思想机器、充满纤维与网络的思想外壳、流浪（游移不定）的意识等。根据 Taihhard 的说法，思想的力量多年来已经创造和发展了部分思想空间，最后终将取得其全球的存在，其各种各样的部件正在融合。不久以后，一个合成体系将呈现出来。不同国家、不同种族、不同文化的人们的意识与精神活动将无须确定的范围，但又不丧失个人的特征。再认识充分些，思想空间将把人类提高到一个更高、更新的进化阶段，人们由集体的心理和精神的合成力量所驱动，由一种对道德和法律的虔诚所驱动。当然，这种过渡也许不那么简单顺利，或许要依靠某种全球的震动或者是某种启示以成为思想空间最终的融合特征。尽管这一概念基本上是精神的，远不如网络空间或信息空间的技术性强，但 Teilhard 已经把不断加强的通信交流归结为一个因素。在他的时代还没有类似互联网的媒体存在。然而，50 年代的广播和电视媒体促使了这种全球意识思想的产生。他期待惊人的电子计算机给人类以新的思想工具。他的预测与如今的互联网竟不谋而合。很少有政府或商界人士有兴趣促进全球思想空间的构筑，除了在有限的范围，如国际法、政治或经济理论界的研究人员。促进全球思想空间实现的动力更可能是来自那些非政府组织的活动家，或其他民间社会的成员，或那些献身于信息交流自由和伦理价值规范传播的个人。我们相信，现在是到了政府与商界开始往这一方向转移注意力的时候了，尤其是因为在信息时代强权将比以往任何时候更需要国家政府和商业市场人员与民间社会活动家的合作力量。

（6）格局

《辞海》中对格局的解释很简单，指式样、规模。进一步分析，格局就是对象的不同成分的组成位置关系的物质体现。其基本内涵包括两个方面：位置布局和相互关系。前者指客观的物质性的位置，后者即对象整体的结构性。考察格局的对象，可以是物质层面的，如空间格局、建筑格局等；也可以是非物质层面的，如经济格局、军事格局。

（7）空间格局

空间格局是地理要素的空间分布与配置，是众多空间的位置布局形成的整体形态表征，包括空间位置布局和空间结构关系。在空间格局中，空间是格局的物质要素，格局是空间的组织关系体现。空间格局的两个基本要素是不同性质空间的位置布局和相互关系，后者即为空间的结构，是格局的总体秩序的总结。

（8）城市空间格局

城市空间格局指城市空间因子的位置布局和相互关系。具体来说，指城市功能用地、物质实体及其所限定的空间的位置布局及相互关系。也可以说，城市空间格局就是在城市用地布局的基础上增加了空间维和相互关系的描述。在城市空间格局的概念中，位置布局和相互关系是两个基本内容，物质实体空间是概念的核心考察对象，城市则是对该概念的空间边界的界定。城市空间格局的因子包括：城市空间结构、城市路网格局、居住空间格局、公共生活空间格局、生产空间格局、辅助设施空间格局。其中城市空间结构是对城市空间的整体关系的综合和抽象把握，城市路网格局、居住空间格局、公共生活空间格局、生产空间格局、辅助设施空间格局是对城市空间的子系统位置布局的总结。

3.1.2 实践和社会科学模式中的空间

在西方社会，科学深刻地影响了实践的和社会科学的方向，而科学中的空间观是通过接触而起作用的原则与能量守恒原则的结合。具体来说，空间的特性，诸如方位和距离，本身对物并没有产生任何影响；而是空间里具有空间特性的物质影响同样具有空间特性的其他物质。虽然因果关系的这种概念是通过接触而起作用的原则与能量守恒原则的结合，但为了简洁的缘故，我们将简单地称之为通过接触而起作用。

通过接触而起作用的观点揭示了空间联系的链条，而这种空间联系能够被人们用来拓展自身对其他过程的认知。例如，知晓霍乱的传播方式，可以帮助我们确认存在于其他地理范围中的其他过程的各种联系。确认霍乱病发生的时间和地点，使我们得以追踪人们流动的足迹，并且有助于我们构建穿越各地的交通和迁移网络。目前社会科学所研究的大多数行为和活动，我们还没有发现能够清楚定义的因果力量。尽管我们还没有一门高度发达的人类行为科学。但是，我们不能期望物会简单地出现，或者显现和消失，或者毫无理由地存在于某一地方。我们想知道某个东西在哪儿，物是怎样地和为什么在其所在的地方出现的，为什么它们是在这里而不是在那里出现。我们期望物的空间特性对行为产生影响，我们会系统阐述这些问题的答案，并努力使这些问题的答案尽可能地接近科学，而且遵从因果原则。然而，我们对那些能够影响行为的因素常常只有模糊的想法。我们对原因了解得不够清楚，是因为我们对重要的空间关系不知晓或不完全知晓。

在这种情况下，科学视角的运用也许会引导我们生发出对空间效应的某种想象或预见，这种空间效应来自对通过接触而起作用的一种字面上的解释，而其基础则是：两个物体在物理空间中距离越近，它们之间的相互作用或相互影响越强。这样一种先入之见是有用的，或是误导人的，也就是说，对通过接触而起作用的解释是否过于字面化，取决于每一个特定情况下的先入之见是否被证据所证实。然而，在社会科学中，获取证据是一件非常难的事情，而如果没有证据的话，其危险之一就是这种想象也许就会被当做实际的情形。

例如，我们期望孩子们的态度和价值观会受到家庭和朋友的态度和价值观的影响。然而，我们不能详细说明哪种类型的家庭接触会影响孩子们，而且，家庭成员的重要性排序同样难以详细说明，我们不知道与父母有足够接触是否意味着一定要同处一室。尽管我们不知道这些问题，但是，人们深信与父母接近就意味着受父母的影响。这样一种确信部分地源自字面上过度地把通过接触而起作用解释为一种物理上的接近。

在社会科学和日常实践的领域中，人们对空间关系的重要性的关注，常常太专注于做字面上的解释。我们设想某些场所、形状和距离是很重要的。然而，即使他们不重要或即使重要性没被证实，我们也会相信这些场所和外形很重要。例如，我们相信有正确的途径和错误的途径；我们作自己的政治选择时总是会考虑候选人来自哪一地区；国家政治上的候选人名单常常要保证做到地理上的平衡；我们通过说他是一个英格兰人或她来自加利福尼亚南部来解释一个人的行为；我们设想变换一个场景会产生出一个好的结果；我们相信戴假面具的理论。尽管实际上处于这种场所的影响或者处于这种格局中的事件还没有被清晰地建构起来，但是，它们仍被人们用来解释和预测行为。

虽然通过接触而起作用这一原则常常被误用，但是它是社会科学和日常实践领域中的空间概念的基础。通过接触而起作用是一个非常普遍的原则，它本身并没有揭示相互作用得以发生的具体因果链条和格局。当我们寻求这些因果作用之链，并试图对这种因果之链进行概括时——当我们考虑具体的空间格局一般会怎样影响人的行为，场所一般是怎样形成的，空间上的自然区分一般是怎样影响相互作用时——我们就不会是从日常实践的领域来看待物，而主要是从社会科学的角度来研究问题。而且，当社会科学家倾注热情探寻具有普遍性的结论时，他们常常会忽略通过接触而起作用在其中发挥的作用。我们现在来讨论某些社会科学尤其是地理学曾经遇到过的问题，而这些问题是在社会科学家们企图探寻空间与物之间的具体关系，并探索其相互作用的特定途径和网络时遇到的。我们希望通过这样的讨论增进我们对以下这两个问题的认识，首先是在人类的范围内通过接触而起作用的解释问题，其次是怎样在概念上把空间与物联系起来的问题。[31]

3.2　空间格局的研究进展

3.2.1　空间数据

空间数据是对地球系统中自然、经济、人文等诸多要素的空间位置、空间形态、空间分布、空间趋势、运动方式等状态和过程的描述。

1）空间数据的特征

（1）多时空尺度

空间和时间是地理空间数据的基本要素。时间特征是地理空间数据区别于其他数据的根本性标志。空间数据还具有多时空尺度。从空间尺度上来看，描述地理区域的各种地理数据，具有多种空间尺度——既有全球尺度的、洲际尺度的、国家尺度的，也有流域尺度的、地区尺度的、城市尺度的、社区尺度的。从时间尺度上来看，描述地理过程的各种地理数据具有多种时间尺度，如历史年代、天、月、季度、年等。

（2）多维结构

对于一个地理对象的具体意义要从属性、空间、时间三个维度综合描述。①属性维度，用以描述事物或现象的特性，即用来说明“是什么”，如事物或现象的类别、等级、数量、名称等，至少需要1个以上，多则需要十几个甚至几十个变量。②空间维度，用以描述事物或现象的地理位置和空间范围，又称几何特征、定位特征，如界桩的经纬度等，一般需要2～3个变量。③时间维度，用以描述事物或现象产生、发展和存在的时间范围，例如人口数的逐年变化，需要1个变量。

（3）海量性特征

空间数据的数据量极大。它既有空间特征，又有属性特征。空间数据不仅数据源丰富多样（如航天航空遥感、基础与专业地图和各种经济社会统计数据），而且更新快，且空间分辨率不断提高。随着对地观测计划的不断发展，每天可以获得上万亿兆的关于地球资源、环境特征的数据，使得对海量空间数据组织、处理和分析成为目前亟待解决的问题之一。

2）空间数据的类型

根据空间数据的特征，可以把空间数据归纳为以下三类：①属性数据，描述空间数据的属性特征的数据，也称非几何数据，即说明“是什么”，如类型、等级、名称、状态等。②几何数据，描述空间数据的空间特征的数据，也称位置数据、定位数据。即说明“在哪里”，如用 X、Y 坐标来表示。③关系数据，描述空间数据之间的空间关系的数据，如空间数据的相邻、包含等，主要是指拓扑关系。拓扑关系是一种对空间关系进行明确定义的数学方法。

3）地理空间数据立方体

地理空间数据立方体是一个面向对象的、集成的、以时间为变量的、持续采集空间与非空间数据的多维数据集合，组织和汇总成一个由一组维度和度量值定义的多维结构。地理空间数据立方体以空间数据库为基础，进行复杂的空间分析，反映不同时空尺度下的动态变化趋势，为决策者提供及时、准确的信息。简单的地理空间数据立方体，见图 3－1。

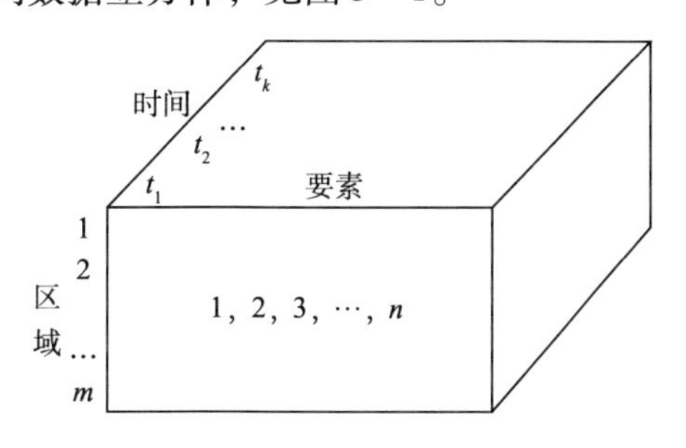

图 3－1　地理空间数据立方体

所谓“立方体”并非指数据仅包含 3 个维度，数据立方体在逻辑上一般由一个事实数据表和多个维度表构成一种星形构架，其核心是事实数据表。事实数据表是数据立方体中试题值的源，维度表是数据立方体中维度的源。[32]

3.2.2　空间分析方法

1）基本定义

空间分析方法是利用一定的理论和技术对空间的拓扑结构、叠置、图像、空间缓冲区和距离等进行分析的方法总称，目的在于发现有用的空间模式。

（1）空间叠置分析

空间叠置分析是指多个图层在空间上进行叠加产生新图层，对新图层的属性按一定的数学模式进行计算分析，与原有图层属性联系起来产生了新的属性关系和新的空间关系，进而产生用户需要的结果或回答用户提出的问题。图层叠置分析因子与产量在空间分布趋势等方面的对应关系，具有简洁、明了、直观的特点，能充分发挥 GIS 的分析功能。主要包括地图内容的合成叠置和图形内容的统计叠置。

（2）缓冲区分析

基于邻近的概念，缓冲把地图分为两个区域：一个区域位于所选地图要素的指定距离之内，另一个区域在指定距离之外。在指定距离之内的区域称为缓冲区。

为了缓冲而选的地图要素可以是点、线或面。围绕点的缓冲形成圆形缓冲区。围绕线的缓冲形成一系列长条形缓冲带。围绕多边形的缓冲形成由多边形边界向外延伸的缓冲带。不管如何变异，缓冲操作时总是用距地图要素的距离量度来创建缓冲带。因此，GIS 用户必须知道地图要素的量度单位（如米或英尺）。如果需要的话，在作缓冲之前预先输入量度单位的信息。由于缓冲是使用距地图要素的距离量度，地图要素的位置精度决定了缓冲带的精度。缓冲创建了缓冲区地图，它是在空间数据查询以外设立缓冲操作。

2）空间分析方法的扩展

一般常将空间分析方法作为预处理和特征提取方法与其他数据挖掘方法结合使用。如 Ester 等提出了针对空间数据库的挖掘空间相邻关系的算法；也可利用 GIS 中的综合属性数据分析、拓扑分析、缓冲区分析和叠置分析等空间分析模型和空间操作对空间数据库中的数据进行深加工，从而产生新的信息和知识；探测性的数据分析采用动态统计图形和动态链接技术显示数据及其统计特征，发现数据中非直观的数据特征和异常数据；把探测性的数据分析与空间分析相结合，构成探测性的空间分析，再与 AOI 结合，则形成探测性的归纳学习，该方法通过在挖掘过程聚焦数据来发现隐含在数据中的某些特征和规律；图像分析可直接用于发现数据库中的大量图形图像数据、知识，或作为其他知识发现方法的预处理手段。

3.2.3　空间统计分析

（1）常规统计分析

常规统计分析主要完成对数据集合的均值、总和、方差、频数、峰度系数等参数的统计分析。

（2）空间自相关分析

空间自相关分析是认识空间分布特征、选择适宜的空间尺度来完成空间分析的最常用的方法。目前，普遍使用空间自相关系数——Moran I 指数。空间相关指数常使用两个统计指标：一个是1950年由莫兰（Moran）提出的空间相关指数 Moran I；另一个是在1954年由 Geary 建立的 Geary C。其中 Moran I 最为常用。

（3）回归分析

回归分析用于分析两组或多组变量之间的相关关系，常见的回归分析方程有线性回归、指数回归、对数回归、多元回归。

（4）趋势分析

通过数学模型模拟地理特征的空间分布与时间过程，把地理要素时空分布的实测数据点之间的不足部分内插或预测出来。

（5）专家打分模型

专家打分模型将相关的影响因素按其相对重要性排队，给出各因素所占的权重值；对每一要素内部进行进一步分析，按其内部的分类进行排队，按各类对结果的影响给分，从而得到该要素内各类别对结果的影响量，最后系统进行复合，得出排序结果，以表示对结果影响的优劣程度，作为决策的依据。专家打分模型可分为两步实现。第一步打分，用户首先在每个 feature 的属性表里增加一个数据项，填入专家赋给的相应的分值；第二步复合，调用加权复合程序，根据用户对各个 feature 给定的权重值进行叠加，得到最后的结果。

在运用统计方法进行数据挖掘时，还能分析连续域的空间相关性，如基于回归分析的时序算法进行空间预测等。运用统计方法中的空间自协方差、变异函数或与其相关的自协变量或局部变量值的相似程度及多元统计分析等优化技术，可实现基于不确定性的空间数据挖掘。有时也可不将数据的空间特性作为限制因子加以考虑，但要求挖掘后的结果以地图形式来描述并依托地理空间来解释，这样其挖掘的结果能揭示和反映空间规律。

3.2.4 空间聚类分析

（1）聚类概念与方法

聚类是将数据分到不同的类簇（简称为簇）的过程，同一类簇中的对象有很高的相似性，而不同类簇间的对象有很大的相异性。聚类与分类的不同在于，聚类所要求划分的类是未知的。聚类源于很多领域，包括数学、计算机科学、统计学、生物学和经济学等。聚类技术在很多应用领域都得到了发展。根据数据的类型、聚类的目的和应用，聚类方法主要分为划分的方法、层次的方法、基于密度的方法，基于网络的方法和基于模型的方法。

（2）空间聚类概念与主要研究内容

空间聚类分析主要是指根据空间实体的特征对其进行聚类。按一定的距离或相似性测度在大型多维空间数据集中标识出聚类或稠密分布的区域，将描述个体的数据集划分成一系列相互区分的组，使得属于同一类别个体之间的差异尽可能的小，而不同类别上的个体之间的差异尽可能的大，以期发现数据集的整个空间分布规律和典型模式。空间聚类方法是在聚类方法上的进一步改进。其主要研究内容如下：①不同类型空间数据集的聚类。从领域应用角度来看空间数据大多具有类型繁杂、数据量庞大、相互关系复杂等特征，用于描述地理空间实体和地理单元的空间数据主要是矢量数据和栅格数据。矢量数据和栅格数据组成的空间数据集是不一样的，因而对其进行聚类分析的方法也是相异的。②高纬数据的聚类分析和降维技术。高维数据指空间数据描述的空间实体有多种，每种空间实体由多个属性来描述。而且空间属性相互之间存在着内在的联系，因而从中发现聚类比较困难，而且在高纬数据空间如使用距离来表示对象之间的相似性，随着维数的增加，计算开销增大，算法效率降低。刘大有等提出了高纬数据的子空间聚类算法。在高维数据空间的子空间中，对象分布比较密集，可以根据对象分布聚类数据。同时还必须研究降维技术来解决高维数据的聚类问题。③相似性度量准则的扩展。空间数据聚类时，由于空间数据有别于数值数据，因此，在使用常规聚类分析中的距离来表示地理实体或单元之间的相似性时，要扩展相似性的含义。例如，可以利用空间谓词对象 A“交”对象 B、对象 A“连接”对象 B 或对象 A“相似”对象 B 等来表达两地理空间实体的相似性，从而大大拓展聚类分析的应用范围，使之更适合解决实际应用问题。④空间数据清理。空间数据挖掘的对象是空间数据库或空间数据仓库，但现实中的大部分空间数据是有污染的，而且空间规制通常被大量复杂数据项隐藏，有些数据是冗余的，有些数据是完全无关的，要保证数据挖掘结果的准确性，就要事先进行数据清理。⑤聚类算法的设计。空间数据库的聚类一般是对目标的图形直接聚类，使用经典的基于统计分析的聚类法则速度慢、效率低，因此要根据具体情况，重新设计数据的存储格式等。⑥聚类数估计和聚类有效性分析。在聚类个数已知和未知条件下进行聚类分析，其聚类算法的计算开销相差悬殊，因而如果能在聚类分析算法应用前初步估计出聚类个数，将大大提高聚类分析算法的效率。聚类有效性分析的研究内容是指如何来评价聚类分析结果的质量。

（3）模糊聚类分析

1969 年，Rus Phas 提出了模糊划分的概念，并在模糊聚类分析方面做出了开创性的贡献。模糊聚类是指将物理或抽象对象的几何分组成由类似的对象组成的多个类的分析过程，这与传统的聚类分析那种非此即彼的分类性质是不同的。模糊聚类分析由于其分类过程更贴近于人类的认知过程，在商业领域、保险行业、电子商务及科学研究等领域中得到广泛应用，并越来越多受到人们的关注。

3.2.5　空间关联规则

空间关联规则指空间实体之间同时出现的内在规律，是关系数据库中的关联规则在空间对象中的扩展，使之可以处理空间对象的空间属性，它表示了空间物体的空间属性之间、空间属性与非空间属性之间的依赖关系。因而，空间关联规则描述在给定的空间数据库中，空间实体之间的特性数据项之间频繁同时出现的条件规则。Koperski 等将关联规则概念扩展至空间数据库，提出了一种在空间数据库中挖掘强空间关联规则的算法，并给出了两步式的空间优化技术。空间关联规则是根据空间谓词而不是根据项来定义的。

①从内容上，空间关联规则主要指空间实体的相邻、相连、共生和包含等关联规则，包含单个谓词的叫做单关联规则，包含两个或两个以上的空间实体或多谓词的叫做多维空间关联规则。

②从形式上，关联规则包括一般关联规则和强关联规则。一般关联规则是空间实体之间存在的各种规则，强关联规则是空间数据库中使用或发生频率较高的模式、关系或规则。强关联规则知识意义更为深刻，应用范围更广，又称为广义关联规则。

③从模式上，关联规则的模式属于描述型的模式，以类 SQL 语言的形式描述关联规则，能够使空间数据挖掘的研究与国际标准的数据库查询语言 SQL 接轨，而趋于规范化、工程化。如果空间数据挖掘的实体对象的属性局限于布尔类型，那么可以通过类型转换在含有类别属性的数据库中提取关联规则，并合并同一空间实体的若干信息。可以通过空间知识的测度反映关联规则的属性。

④从状态上，关联规则具有时间性和转移性。时间性要求在关联规则中增加时态信息。转移性要求在关联规则模型中增加预测算法和条件信息。

⑤从实用上，关联规则是空间数据中一种简单实用的规则，也是空间数据挖掘的最重要知识内容之一，目前多数的数据挖掘研究也主要是针对关联规则的。例如，空间数据库中的归一化、查询优化、最小化决策树、搜索数据特例等，甚至可以被系统中其他的发现算法所使用。

总之，空间关联规则挖掘的方法加强了对多谓词的挖掘功能。通过邻接关系操作，可以直接得到目标对象与其他特定类型对象之间的各种空间关联关系，支持度大于给定闭值的关联关系可以运用算法生成最终的关联规则。算法采用自顶向下、逐步求精的原则，首先发现单谓词的单关联规则，然后再发现高层次的多谓词的复合关联规则。

3.2.6 粗糙集

粗糙集由上近似集和下近似集组成，是一种处理不精确、不确定和不完备信息的智能数据决策分析工具，较适于基于属性不确定性的空间数据挖掘。上近似集中的实体具有足够必要的信息和知识，确定属于该类型；论域全集以内且下近似集以外的实体没有必要的信息和知识，确定不属于该类别；上近似集和下近似集的差集为类别的不确定边界。集合上的等价关系和集合上的划分是一一对应的，相互唯一决定的。从数学意义上讲，集合上的等价关系和集合的划分是等价的概念，即划分就是分类。

3.2.7　决策树

（1）决策树定义

决策树学习是以样本为基础的归纳学习方法，将决策树转换成分类规制比较容易。决策树的表现形式是类似于流程图的树结构，在决策树的内部节点进行属性值测试，并根据属性值判断由该节点引出的分支，在决策树的叶节点得到结论。内部节点是属性或属性的集合，叶节点代表样本所属的类或类分布。构造一个好的决策树的关键在于恰当地选择属性。通常，用信息增益度量的方法为各节点选择属性值，把具有最高信息增益的属性作为当前节点的测试属性。

（2）决策树的类型

决策树可分为分类树和回归树两种，分类树对离散变量做决策树，回归树对连续变量做决策树。根据决策树的不同属性，有以下几种不同的决策树：①决策树的内节点的测试属性可能是单变量的，即每一个内节点只包含一个属性。也可能是多变量的，即存在包含多个属性的内节点。②根据测试属性的不同属性值个数，可能使得每个内节点有两个或多个分支。如果每个内节点只有两个分支则称之为二叉决策树。③每个属性可能是值类型，也可能是枚举类型。对于二叉决策树既可以被看作前者，也可以被看作后者。④分类结果既可能是两类也可能是多类，如果二叉决策树的结果只能有两类则称之为布尔决策树。布尔决策树可以很容易地以析取范式的方式表示，并且在决策树学习的最自然的情况就是学习析取概念。

（3）决策树的构建与属性测试

用决策树解决的最常见的数据挖掘任务是分类。决策树的基本原理是递归地将数据拆分成子集，以便每一个子集包含目标变量类似的状态，这些目标变量是可预测属性。每一次对树进行拆分，都要评价所有输入属性对可预测属性的影响。当这个递归过程结束时，决策树也就创建完成。经由训练样本集产生一棵决策树后，为了对未知样本集进行分类，需要在决策树上测试未知样本的属性值。测试路径由根节点到某个叶节点，叶节点代表的类就是该样本所属的类。著名的ID3算法采用基于信息熵定义的信息增益度量来选择内节点的测试属性。

（4）决策树的剪枝

剪枝算法分为前剪枝和后剪枝算法。前剪枝算法是在树的生长过程完成前就进行剪枝。后剪枝算法是当决策树的生长过程完成后再进行剪枝。目前决策树修剪策略有三种：基于代价复杂度修剪、悲观修剪和最小描述长度修剪。基于代价复杂度修剪使用了独立的样本集用于修剪，即该样本集与树的构建过程中使用的样本集不同，称为修剪样本。它首先从训练数据中生成一系列增量式的小树，然后依据剪枝集的分类精度，选择一棵作为剪枝树。悲观修剪由Quinlan在1987年提出，它将训练样本都用于树的构建与修剪并用统计相关的测试来判断剪去某一枝前后的预测错误率。在实际使用中用得较多的是最小描述长度修剪。当数据集较大时，一般使用需要单独剪枝集的剪枝算法，这样剪枝的可信度高；但当数据量不大时，单独的剪枝集会影响树的生长，一般采用不需要单独剪枝集的算法。近来有人发现最小描述长度剪枝算法对用大数据集生成的树很有效。

3.2.8　本体

本体最早是一个哲学上的概念，从哲学的范畴来说，本体是客观存在的一个系统的解释或说明，关心的是客观现实的抽象本质。近二十年来，本体概念广泛应用到计算机领域，用于人工智能研究中的知识表示、共享及重用。目前，本体还没有一个明确的定义，普遍认同的是美国斯坦福大学知识系统实验室的概念："本体是共享概念的显式形式化说明"。

3.2.9　时间序列

时间序列是指按时间先后顺序将某个变量的取值排列起来形成的序列。从统计意义上讲，所谓时间序列就是将某一个指标在不同时间上的不同数值，按照时间的先后顺序排列而成的数列。这种数列由于受到各种偶然因素的影响，往往表现出某种随机性，彼此之间存在统计上的依赖关系。

时间序列模型主要用来对未来进行预测，属于趋势预测法。经典的时间序列分析方法是建立时间序列的随机模型，主要包括自回归模型、移动平均模型、自回归滑动平均模型和求和自回归滑动平均模型等几个模型。空间序列规制则是把空间数据之间的联系与时间连接在一起，根据空间数据随时间变化的规律预测将来的发展趋势。

3.2.10　地理信息系统

地理信息系统是以地理空间数据库为基础，在计算机软硬件的支持下，对空间相关数据进行采集、管理、操作、分析、模拟和显示，并采用地理模型分析方法，适时提供多种空间和动态的地理信息，为地理研究和地理决策服务而建立起来的计算机技术系统。因此，地理信息系统具有以下三个方面的特征：①具有采集、管理、分析和输出多种地理空间信息的能力。②以地理研究和地理决策为目的，以地理模型方法为手段，具有空间分析、多要素分析和动态预测的能力，并能产生高层的地理信息。③由计算机系统支持进行空间地理数据管理，并由计算机程序模拟常规的或专门的地理分析方法，作用于空间数据，产生有用信息，完成人类难以完成的任务。计算机系统的支持是GIS的重要特征，使GIS能够快速、精确、综合地对复杂的地理系统进行空间定位和动态分析。

地理信息系统是一种特定而又十分重要的空间信息系统。它是计算机硬件与软件支持下运用系统工程和信息科学的理论，科学管理和综合分析具有空间内涵的地理数据，以提供规划、管理、决策和研究所需要的空间信息系统。

地理信息系统是一门多技术交叉的空间信息科学，它依赖于地理学、测绘学、统计学等基础性学科，又取决于计算机硬件与软件技术、航天技术、遥感技术和人工智能与专家系统技术的进步与成就。

3.2.11　可视化

空间数据挖掘涉及海量数据、复杂的数学方法和信息技术，可视化是空间数据的视觉表达与分析。可以说，理解所发现知识的最有效的方式是进行图形可视化。

（1）可视化的作用

①地理空间信息可视化是信息可视化中重要的技术，空间信息的可视化是现有计算机可视化技术的具体应用，是以地理环境作为依托，透过视觉效果，探讨空间信息所反映的规律知识。但是空间信息的可视化是非常复杂的，随着GIS的发展，空间信息的应用得以推广和加强。

②空间数据挖掘中的数据立方体、多维数据库或 OLAP 也是可视化技术的一种。地理可视化系统中的不同物理位置直至地理表示都与数据仓库中的数据相关，根据地理环境比较相同产品在不同地域的差异，或同一地域不同新产品的差异，可分析出数据仓库中数据间的关系。

③可视化拓展了传统的图表功能，对空间数据挖掘中涉及的复杂数学方法和信息技术借助图形、图像、动画等可视化手段形象地指导操作，使用户对数据的剖析更清晰，更有助于减少建模的复杂性，并使决策中通过可视化技术交互分析数据关系。

（2）可视化方法

①二维图形图像学方法。二维图形图像学可视化方法目前是空间信息可视化的主流方法。GIS 中空间信息的可视化方法主要是对传统地图学及制图学可视化方法的数字化实现。在数字化基础上，可以制作突出行业信息的专题地图。

②三维图形图像学方法。现实世界是一个三维空间。三维的表达不再以符号化为主，而是以对现实世界的仿真手段为主，所以使用计算机将现实世界表达成三维模型则更加直观逼真。

③三维表达及虚拟现实技术。空间信息理想的可视化是对现实世界的真实写景，为了进一步提高人机交互性，将先进的计算机可视化技术与虚拟现实技术引入地理信息系统领域，即早就开始的虚拟现实技术与 GIS 结合的研究。如对地理环境的真实仿真、动画与电影制作中的自然景观模拟等都能较好地重现现实景观。

④三维表达与增强现实技术。未来 GIS 的发展必将与网络、计算机、超媒体、虚拟现实、增强现实、科学可视化以及动画等结合。增强现实技术融合了虚拟环境与真实环境，其在交互性与可视化方法方面开辟了一个崭新的领域。如将 AR 与 GIS 空间数据库结合可用于车辆自主导航。

⑤时空可视化。在空间信息领域，人们非常关注的还包括以时间为主导的多维动态可视化问题。时空可视化的实现将提供对自然地理现象变化的动态仿真，包括历史回溯与未来预测等。[33]

第4章　区域低碳发展空间格局分析

4.1　我国区域资源禀赋特征

资源禀赋理论由艾勃·赫克歇尔和伯蒂尔·俄林于1933年提出。这一理论建立在李嘉图的比较优势思想基础上。李嘉图对资源禀赋的解释建立在比较一个国家用劳动生产产品的效率方面，并用这些国家技术水平上的不同来解释其在生产该种产品能力上的不同。

资源禀赋理论扩展了这一思想，假设即使技术水平相同，一些国家仍较其他国家有比较优势，因为这些国家生产该种产品的资源更加丰富。经济学家认为生产要素有四种——土地、劳动、资本和创业能力，因此，这四种资源中的某一种比较丰富的国家较其他国家具有比较优势。一国要素禀赋中某种要素供给所占比例大于别国同种要素的供给比例而价格相对低于别国同种要素的价格，则该国的这种要素相对丰裕；反之，如果在一国的生产要素禀赋中某种要素供给所占比例小于别国同种要素的供给比例而价格相对高于别国同种要素的价格，则该国的这种要素相对稀缺。这一逻辑同样适用于同一国家的不同区域。

资源禀赋理论解释了为什么某些国家专门生产某些产品。阿根廷拥有大量的牧场，因此在牛肉生产方面具有比较优势。印度拥有大量受过教育的劳动力，因此在呼叫中心方面具有比较优势。美国对创业的报酬非常优厚，因此在创新和开发智力产品方面具有比较优势。不仅国与国之间存在这种现象，一国内部的区域层面也存在类似的现象。

4.1.1　区域划分

区域划分是研究区域发展的基石，是深入探讨区域发展的前提。国家区域政策制定和实施，需要有一套完整的区划体系作为支撑。中国幅员辽阔，由于历史和现实诸多方面的原因，各地区之间存在着发展条件和水平的巨大差异。区域划分随着经济发展水平，政策倾向的变化而变化。根据国务院发展研究中心《调查研究报告》(2002 年第 193 号)，为适应区域研究和区域政策分析之需，结合我国国情进行区域划分应考虑以下因素：空间上相互毗邻；自然条件、资源禀赋结构相近；经济发展水平接近；经济上相互联系密切或面临相似的发展问题；社会结构相仿；区块规模适度；适当考虑历史延续性；保持行政区划的完整性；便于进行区域研究和区域政策分析。

迄今为止，就区域划分而言，政府部门和学者提出了不下几十种的方案，但由于各种原因，目前除了延续“七五”计划时划分的东中西三大经济带的提法外，其他区域划分方法或者不再使用，或者没有进一步的研究。这是因为还没有一个十全十美的划分方案，各种方案均存在着一定的缺陷。目前总体而言，东部是指最早实行沿海开放政策并且经济发展水平较高的省市，中部是指经济欠发达地区，而西部则是指经济落后的地区。

4.1.2 东中西部地区的资源禀赋差异

目前，我国东部地区包括 11 个省级行政区，分别是北京、天津、河北、辽宁、上海、江苏、浙江、福建、山东、广东、海南。东部地区背负大陆，面临海洋，地势平缓，有良好的农业生成条件，水产品、石油、铁矿、盐等资源丰富，这一地区由于开发历史悠久，经济基础雄厚，生产工艺先进，文化教育科学技术水平较高，劳动力素质较好，资金比较充裕，技术创新能力较强，市场经济发育程度较高，改革开放以来享受了国家赋予的诸多优惠政策，大力发展乡镇企业、商业金融业发达，但能源、矿产和土地资源相对短缺。

中部地区包括 8 个省级行政区，分别是山西、吉林、黑龙江、安徽、江西、河南、湖北、湖南。中部地区位于内陆，北有高原，南有丘陵，众多平原分布其中，属粮食生产基地。能源和各种金属、非金属矿产资源丰富，占有全国 80% 的煤炭储量，重工业基础较好，地理上承东启西。

西部地区包括 12 个省级行政区，分别是四川、重庆、贵州、云南、西藏、陕西、甘肃、宁夏、青海、新疆、广西、内蒙古。另外，国家还把湖南的湘西地区，湖北的鄂西地区，吉林的延边地区也划为西部地区，享受西部大开发中的优惠政策。西部地区幅员辽阔，地势较高，地形复杂，高原、盆地、沙漠、草原相间，大部分地区高寒、缺水，不利于农作物生长。因开发历史较晚，经济发展和技术管理水平与东、中部差距较大，但国土面积大，矿产资源丰富，具有很大的开发潜力。西部地区由于交通不便、技术落后、商业贸易不发达，很多地区依赖自然资源优势来振兴地区经济。

从经济发展与环境保护关系的角度来看，东部地区早期经济发展中环境污染较重，故该区域的各经济主体都对环境污染有了深刻认识，环保意识不断增强，支持环境保护技术创新的经济基础雄厚，人才集聚水平较高；中部地区经历了早期中部崛起，并在 2007 年由国务院批准设立长株潭城市群和武汉城市圈为全国“两型”社会综合配套改革实验区后，政府在发展经济的同时越来越重视环境保护，但由于基础条件受限制，环保意识和水平比东部沿海地区仍然落后；西部地区经济发展比较落后，其经济发展带给该地区的环境污染也比东中部地区弱，且生态环境资源丰富、保护较好，因此目前更应该探索经济发展与环境保护双赢的发展路径。

低碳发展被誉为是均衡区域发展最好的载体。比如说中国的中西部地区，相对人口少，但资源丰富。之前我们一味在西部开采煤炭、有色金属等资源，造成大量污染，但结果是给西部带来的收益，远小于大量使用这些资源的东部地区。以区域均衡发展为内容，低碳经济模式为载体，中、西部地区将迎来新的发展空间。一方面，中、西部地区拥有丰富的水能、风能等清洁能源，还具备建立风能、太阳能电厂的广袤土地，这将实现对自身微乎其微的环境影响的同时为继续东部地区输送能源，实现“双赢”选择；另一方面，碳金融可以为中、西部地区的发展争取大量资金支持，如通过清洁能源的盈利，还可把因节省产生的碳排放额，转售给东部的工业企业等。

4.2　我国区域经济发展阶段分析

低碳发展受经济发展阶段的影响，比如说就我国总体情况而言，正处在工业化中期的经济发展阶段，工业化本身就意味着对能源的依赖程度较高。从宏观上看，我国作为最大的发展中国家，拥有世界五分之一的人口，当前正处在工业化、城市化快速发展时期，城市和农村基础设施建设以及居民消费结构升级对重化工产品形成巨大需求，进而转化为对能源需求的增加。从微观上看，在这一发展阶段，中国市场总体上将会呈现卖方市场特征，所以企业主动发展低碳技术与产品创新的意识较差，这会进一步加剧能源需求及其高碳特征。同时，中国工业化中期的发展阶段也决定了中国在世界生产和贸易分工中的“世界加工厂”的角色，对这一角色所带来的温室气体排放问题需要客观分析。2013 年 3 月 15 日环保部副部长吴晓青表示，现在我国已经到了以环境保护优化经济增长的新阶段，必须坚持在发展中保护，在保护中发展。同理，区域低碳发展空间也受区域生产力水平及区域经济增长方式的影响。区域经济发展阶段是区域低碳发展道路选择的客观基础条件。因此，下文将对我国区域经济发展阶段进行分析。

4.2.1 经济发展的阶段性

同任何事物的发展一样，经济发展也是一个从量变到质变的过程，在这个过程中，影响经济、社会、文化以及政治等的因素都会发生变化，从而影响生产力的发展，使生产力的发展呈现出阶段性特征。而生产力发展的阶段性，又决定了经济发展的阶段性。随着生产力不同发展阶段的更替，经济发展也相应地依次从一个阶段发展到另一个阶段，从而表现出阶段性运动的规律。

1）经济发展的阶段性特征

经济发展的阶段性具体表现为经济发展中结构变动的阶段性，这些结构变动的阶段性特征大致如下：①从制度结构方面看，不同的经济发展阶段，市场化水平也不同。理论和实践都表明，完善的市场经济体制是促进经济增长的最佳环境，随着经济发展水平的提高，一个国家或地区的市场化水平也会逐步提高。经济发展的主要表现之一就是提高市场化水平，建立尽可能完善的市场经济制度。②从要素配置结构方面看，常见的要素配置结构包括要素投入结构、劳动力就业结构、人口的城乡结构等。实践表明，随着经济发展水平的提高，要素投入结构会发生变化；劳动力逐步会由第一产业向第二产业转移，再向第三产业转移；人口逐渐由农村向城市迁移，城市化水平逐步提高。③从产出结构方面看，随着经济发展水平的提高，产出结构由第一产业占优势向第二产业占优势转变，再向第三产业占优势转变。④从贸易结构方面看，随着经济发展水平的提高，贸易开始产生，起初初级产品和粗加工产品在贸易总额中所占比重比较高；之后，高加工度产品所占的比重逐渐上升。⑤从分配结构方面看，根据库兹涅茨的倒 U 形理论假说，随着经济的发展和人均收入的增加，居民收入分配差距会逐渐扩大。从前工业文明转向工业文明，这是差距扩大最迅速的时期，然后有一段稳定期，而后收入分配差距又会缩小。⑥从消费结构方面看，随着人均收入水平的提高，生存型消费所占的比重会出现下降，而享受型和发展型消费所占的比重会呈现上升；实物消费所占的比重趋于下降，而服务产品消费所占的比重趋于上升。

2）区域经济发展的特点

（1）区域经济发展的新特点

2012 年我国区域经济发展有以下特征：一是全国经济版图呈现五个梯队；二是中西部地区的 GDP 增速明显高于东部地区；三是各省市的经济增速普遍出现下滑；四是中西部地区的固定资产投资增速明显快于东部地区；五是中西部地区固定资产投资对 GDP 增长的贡献率明显高于东部地区。

2013 年多数省市调低了 GDP 增长目标，东部部分省市逐步淡化 GDP 增长目标，注重经济的均衡发展，中西部地区仍然保持着 GDP 增长冲动，在基建项目的带动下，投资仍成为地方政府促进经济增长的重要抓手，如河南省将强化郑州为中心、省辖市和县域为节点的向心布局、网状辐射、开放式的现代综合交通体系建设，抓好郑州航空枢纽、快速铁路网和高速公路网建设。各地政府设定该年度的固定资产投资增速在 20% 左右，中西部的增速明显高于东部地区。其中，东部地区的投资增速目标都在 20% 以下，上海、浙江没有明确具体目标，而中西部地区除了内蒙古、重庆、四川外，其他地区的增速目标均在 20% 以上，新疆、甘肃、贵州、黑龙江设定的目标甚至超过了 30%。

（2）区域经济发展的趋势

“十二五”期间，我国区域发展将在五个重点领域取得突破：一是形成主体功能区；二是推动重点地区加快发展；三是推进地区间基本公共服务均等化；四是推动区域一体化发展；五是建立促进区域协调发展的制度框架。近年来，随着西部大开发、东北振兴及中部崛起等战略的实施，我国区域经济发展不平衡问题有所改善，奠定了全国区域协调发展的良好格局。《中共中央关于制定国民经济和社会发展第十二个五年规划的建议》对促进区域协调发展作出了重要部署，确立了未来5年区域经济发展的方向。

在“十二五”时期，我国将着力实施区域发展总体战略和主体功能区战略，着力扶持老少边穷地区加快发展，着力促进经济布局、人口分布和资源环境相协调，努力构筑区域经济优势互补、主体功能定位清晰、国土空间高效利用、人与自然和谐相处的区域发展格局。国家将大力促进东中西部均实现较快增长，坚持把西部大开发战略放在区域发展总体战略的优势位置，给予特殊政策支持；全面振兴东北地区传统优势产业改造升级；大力促进中部地区崛起，研究制定符合中部地区特点的新的政策措施；积极支持东部地区率先发展，在更高层次参与国际竞争与合作。

4.2.2 区域经济发展阶段的划分

区域经济发展具有阶段性，各阶段之间存在着明显的特征差别。因此，区域经济发展的阶段划分和判断是区域经济发展理论和实际研究不可回避的问题，故也是研究区域低碳发展问题的基础。

（1）区域经济发展阶段的理论

区域经济发展过程中量的变化和质的飞跃使区域经济发展呈现出不同的阶段性。近现代中西方许多经济学家从不同的角度、采用不同的标准，对区域经济发展过程进行了不同的划分。德国经济学家李斯特以生产力理论为基础，提出了产业结构演进的五阶段论，即未开化阶段、畜牧阶段、农业阶段、农工业阶段、农工商阶段。美国经济学家埃德加·胡佛与约瑟夫·费雪从产业结构和制度背景出发，指出任何区域的经济增长都存在“标准阶段次序”，即经历大体相同的过程，具体而言是自给自足的经济阶段、乡村工业崛起阶段、农业生产结构变迁阶段、工业化阶段和服务业输出阶段。美国经济学家兼经济史学家罗斯特从生产、组织、制度和消费等综合角度，把经济发展划分为六个阶段，即传统社会阶段、为起飞创造前提阶段、起飞阶段、向成熟推进阶段、高额群众消费阶段、追求生活质量阶段。弗里德曼提出了中心——外围理论，以空间结构、产业特征和制度背景为标准，将区域经济发展分为前工业阶段、过渡阶段、工业阶段和后工业阶段。埃及经济学家萨米尔·阿明提出，在世界资本主义体系中，“外围”国的发展要经历殖民主义、进口替代工业化、“外围”国经济真正走上自力更生道路，这三个阶段。

我国关于区域经济发展阶段的划分研究开展得较晚，比较有代表性的有：吴传钧的区域经济发展阶段理论，该理论综合了产业结构演化的基本规律和区域经济特征，于20世纪80年代将区域经济成长划分为区域工业化前期阶段、快速工业化阶段、工业化稳定发展阶段、后工业化发展阶段。陆大道、安虎森、季任钧等学者认为，区域经济的非均衡运动，在区域空间形成了地域结构，从地域结构的演化而不是从区域经济发展水平和产业结构特征出发，把区域经济发展过程划分为低水平平衡阶段，集聚、二元结构形成阶段，扩散、三元结构形成阶段，区域空间一体化阶段。蒋清海以制度因素、产业结构、空间结构和总量水平为标准，把区域经济发展分为四个阶段，即传统经济阶段、工业化初级阶段、全面工业化阶段和后工业化阶段。

（2）区域经济发展的基本标志

区域经济发展的程度由水平、结构和能力指标来度量。具体以城市化水平、产业结构高度、空间结构状况、环境优化程度和创新能力为标志。

城市化是一个区域城市人口比重上升、城市数量增加、城市规模扩大、城市分布演变、城乡关系变化、城市性质转变等方面的综合体现。城市化水平通常用城市人口占区域总人口的比重来度量。城市化水平的高低是区域经济发展的重要标志。

产业结构高度是指区域产业结构在其经济发展的历史和逻辑序列演进过程中所达到的阶段或层次。各地区经济发展的历史表明，随着经济的发展，其产业结构也有规律的演进。区域产业结构主要可以从产值结构、劳动力结构、资本结构、技术结构等四个方面考察。其规律主要表现为三个方面：一是国民经济体系结构中，由第一产业占优势比重逐渐向第二、第三产业占优势比重演进；二是从资本构成看，由劳动密集型产业向资本密集型产业再向技术知识密集型产业演进；三是从技术结构高度看，由技术水平低的传统技术产业向现代技术产业再向高新技术产业演进。

区域空间结构以“核心——外围——网络”为基本结构单元，在集聚与扩散的相互作用下，呈现阶段性的空间结构演变规律：由均质化空间结构向极核化空间结构再向点轴化空间结构演进，最后达到一体化的空间结构。

区域经济成长必须依赖于一定的环境条件，具体包括区域经济运行的技术环境、基础设施环境、市场环境、生态环境、政策法律环境和社会文化环境。随着区域经济的不断发展，区域经济系统与环境系统逐渐形成相互促进、和谐统一的区域系统。

区域创新能力是区域知识和技术现状及其使用效率、发展状况的综合反映，是区域经济发展过程中把从来没有过的生产条件和要素引入生产体系并进行再创造、改进和更新，从而形成新的经济发展动力和生产能力。区域创新包括知识创新、技术创新、管理和制度创新等内容。创新能力是区域经济发展的重要标志，也是区域经济向更高阶段演进的潜力标志。

（3）区域经济发展的影响因素分析

影响区域经济发展的因素是错综复杂的，而从区域经济学的观点看则可以分为内部因素和外部因素两个方面。其中内部因素包括供给因素、需求因素和区域的空间结构。其中供给因素是指生产要素的供给，一般包括劳动力、资金和技术，从这三个要素可以衡量一个区域的发展潜力。需求因素包括消费和投资，不少西方学者认为总的需求往往具有乘数效应。区域经济活动在空间上是不均衡的，良好的空间结构可以使经济活动在空间中形成有效的分布，并达到最大的集聚效益。内部因素反映了区域经济增长的潜力和自我发展能力。

影响区域发展的外部因素分为区域之间的要素移动和区域之间的贸易、区域外部需求等方面。要素移动包括劳动力的迁移、资本的流动和技术知识的传播。影响区域间贸易的因素有区域之间的需求和区域之间的贸易障碍，其中前者指地区外部对本区资源或商品的需要量，后者则多指距离、运费和其他贸易方面的壁垒。外部因素反映了外部环境条件对区域经济增长的影响。

从各种因素与社会生产过程的相关程度看，可分为直接影响因素和间接影响因素两类。直接影响因素是指直接参与社会生产过程的因素，主要包括劳动力和生产资料两方面。体现在知识产业中的科学技术，也是一种直接影响区域经济增长的因素，这些直接影响因素对区域经济增长起着决定性的作用。间接影响因素是指通过直接影响因素对社会生产过程间接发生作用的因素，包括自然条件与自然资源、人口、科学技术、教育、经营管理、产业结构、对外贸易、经济技术协作、经济体制和经济政策等。这些间接影响因素一般通过改善生产条件、劳动力和生产资料的质量来影响区域经济的增长。

4.2.3　区域发展阶段的比较

（1）区域经济发展阶段的一般规律

综观世界及我国区域经济发展的历史可以看出，区域经济由落后到发达需要经历长期的发展过程。西方发达国家的这一过程花费了 200 年左右的时间。由于不同国家或区域客观存在的差异，致使不同国家所处的发展阶段和所需时间并不相同，但一般地说，都要经历四个阶段：待开发阶段，区域以农业经济为主，处于自给自足的自然经济社会；成长阶段，工业化开始启动，并迅速发展，区域经济增长处于最快时期；成熟阶段，区域经济初步实现了工业化，物质部门生产速度放缓，第三产业保持较高增长；高级阶段，区域经济实现了现代化，推动区域经济增长的主导因素已由要素投入的增加转变为技术和组织的创新，消费结构亦由物质消费转向精神消费。

（2）区域经济发展阶段的衡量指标

经济发展是以经济增长为基础的，没有经济增长便不会有经济发展。但是，经济增长不是经济发展的全部内容。经济发展，除了人均收入的提高外，还应包括经济结构的根本变化。经济发展还意味着全体国民都能享受到发展带来的福利，并能参与到这些福利的生产过程之中。如果经济增长的结果只是少数人受益，那么经济发展便不存在。根据经济发展这一概念的内涵，经济发展阶段判断标准应包括如下几个方面：

①经济增长及其作为经济增长直接结果的人均 GDP 之水平。

②要素投入构成的变化及要素质量的提高，如机械化操作在多大程度上取代手工劳动，熟练劳动在多大程度上取代简单劳动，现代生产方式在多大程度上取代传统生产方式等。

③经济产出结构和就业结构的变化，如在国民生产总值中，第一产业的比重下降到何种水平，第二产业、第三产业上升到何种水平；在第二产业中，深度加工业与初级加工业的产值关系如何；在就业结构中，第一、第二、第三产业的就业者各占多少比重等。

④居民消费结构的变化，如居民的总消费支出中，食物消费支出的比重下降到何种水平等。

⑤收入分配结构的变化，如生活在贫困线以下的人口占总人口的比重下降到何种水平，收入分配不平等的程度如何等。

⑥人口经济结构的变化，如人口的城市化水平如何、国民教育的水平如何等。

（3）我国区域经济发展所处的阶段

根据中国社会科学院经济学部课题组对我国工业化阶段评价的报告，到2005年，我国整体工业化水平已经进入工业化中期的后半阶段。如果将整个工业化进程按照工业化初期、中期和后期三个阶段划分，并将每个时期划分为前半阶段和后半阶段，中国工业化进程部分地区已经过半。从板块和经济区域看，到2005年东部的工业化水平综合指数已经达到了78，进入工业化后期的前半阶段，东北地区工业化水平综合指数为45，进入工业化中期前半阶段，而中部和西部的工业化水平指数为30和25，还处于工业化初期的后半阶段。长三角地区和珠三角地区都已经进入工业化后期的后半阶段，领先于全国水平整个一个时期，环渤海地区也进入工业化的后期阶段。

从省级区域看，到2005年，上海和北京都已经实现了工业化，进入后工业化社会。天津和广东则进入工业化后期的后半阶段，而浙江、江苏和山东都进入到工业化后期的前半阶段。这7个地区都属于工业化水平先进地区，都高于全国的工业化水平。而辽宁和福建两个地区则与全国处于相同的工业化阶段，同处于工业化中期的后半阶段。山西、吉林、内蒙古、湖北、河北、黑龙江、宁夏、重庆等8个地区虽然也处于工业化中期，但只处于工业化中期的前半阶段，低于全国工业化总体水平。陕西、青海、湖南、河南、新疆、安徽、江西、四川、甘肃、云南、广西、海南等12个地区，还处于工业化初期的后半阶段，比全国水平落后一个时期。贵州处于工业化初期的前半阶段，刚刚踏上工业化进程，而西藏则处于前工业化阶段，还没有开始其工业化进程。因而，从地区工业化程度看，到2005年这一个实践截面，我国大陆版图内包括了工业化进程的所有阶段，地区工业化进程的落差巨大，不仅有处于后工业化阶段的上海、北京，还有处于前工业化阶段的西藏。总体而言，我国区域经济发展阶段从东部沿海，到中部、西部地带呈现高梯度向低梯度序列变化的特点。

从我国当前区域经济发展阶段性的差异性，可以看出经济发展水平的不平衡性，但一个地区经济发展阶段只是从总体上分析的，事实上处于较高经济发展阶段的区域并非所有地区比其他区域优越，而处于相对较低经济发展阶段的区域也并非所有地区都不如其他区域。因此，如何正确认识各个区域经济发展所处的阶段，制定相关的区域产业发展倾斜政策、区域投资倾斜政策、区域补偿政策，特别是建立和健全区域调控政策、区域关系政策，不仅对保护国民经济持续、稳定、协调发展有着重要的意义，而且直接关系到国家政治能否长治久安。[34]

4.3　我国区域节能减排目标

4.3.1　我国不同区域节能减排目标达成情况

由表 4－1 可知，就 2011 年的节能目标完成情况而言，我国东部地区略好于中西部地区。国家发改委公布的节能目标完成情况晴雨表显示，2011 年前三季度，全国 30 个省份（西藏除外）有超过一半（16 个）未能完成前三季度节能目标。其中，东部地区完成预期节能目标的省份占 54.5%，中部和西部地区完成预期节能目标的省份分别占 50%、36.4%，可见东部地区节能目标完成情况略好于中西部地区。而且，处于最高预警级别（一级预警）的 5 个省份中，除海南外，其余均位于西部地区，包括内蒙古、青海、宁夏和新疆，可见西部地区节能形势比较严峻。《2011 年中国节能减排发展报告》指出，西部地区已成为我国能源消费第二大区。其中内蒙古、宁夏、新疆等省（区）都是煤化工等高耗能项目集中的地区，高耗能行业的快速发展是其节能减排形势严峻的重要原因。目前西部地区大多数处于工业化初期或初期向中期过渡的阶段，如何平衡经济增长与节能减排之间的关系是其面临的重要课题。另外，东部地区的海南省单位 GDP 能耗不降反升，如果不采取积极措施进行控制，将影响“十二五”节能目标的实现。

表4－1　2011年我国三大区域节能目标完成情况

区域	各省、自治区、直辖市节能目标完成情况
东部	1）北京：万元GDP能耗预计下降6.5%；2）天津：万元生产总值能耗下降4%以上；3）河北：预计单位生产总值能耗下降3.66%左右；4）辽宁：无；5）上海：单位生产总值综合能耗进一步下降；6）江苏：节能减排完成情况好于全国平均水平；7）浙江：节能减排取得新进展；8）福建：无；9）山东：单位生产总值能耗继续下降；10）广东：单位生产总值能耗可望完成年度指标；11）海南：单位地区生产总值能耗上升5.2%左右
中部	1）山西：预计全省万元生产总值综合能耗下降3.5%；2）吉林：单位地区生产总值能耗下降3.5%；3）黑龙江：万元GDP能耗下降3.5%左右；4）安徽：单位生产总值能耗预计下降3.5%；5）江西：二氧化碳排放强度下降3%；6）河南：预计万元生产总值能耗下降3.5%；7）湖北：全年单位生产总值能耗下降3.5%左右；8）湖南：全省规模工业单位增加值能耗下降9%
西部	1）内蒙古：节能节水减排完成年度任务；2）广西：万元生产总值能耗实现年度控制目标；3）重庆：单位生产总值能耗下降3.8%；4）四川：预计单位生产总值能耗下降3.5%；5）贵州：单位生产总值能耗在国家下达的指标范围内；6）云南：单位生产总值能耗下降3.22%，节能减排目标任务如期完成；7）西藏：节能减排任务顺利完成；8）陕西：万元GDP能耗下降3.5%；9）甘肃：节能减排力度进一步加大；10）青海：节能减排取得明显成效；11）宁夏：强化节能减排，淘汰落后产能，循环经济试点成效显著；12）新疆：无

资料来源：根据各省、自治区、直辖市2012年政府工作报告的相关内容整理而成。

如表4－2所示，就减排目标而言，东部地区减排目标完成情况好于中西部地区。2011年上半年，化学需氧量的减排目标仅东部地区完成，二氧化硫的减排目标仅中、西部地区完成。相对而言，氨氮化物减排目标东部完成情况最好，其次是中部和西部；氮氧化物排放量不降反升，西部地区排放量增长最快，最后是东部和中部。总体来说，除二氧化硫外，东部地区减排目标完成情况整体好于中西部地区。

表 4－2　2011 我国三大区域减排目标完成情况

区域	各省、自治区、直辖市减排目标完成情况
东部	1）北京：主要污染物排放量继续全面下降；2）天津：主要污染物排放量均下降 2%，减排完成年度任务；3）河北：化学需氧量、二氧化硫和氨氮排放量均削减 1.5%以上；4）辽宁：无；5）上海：主要污染物减排完成年度目标；6）江苏：减排完成情况好于全国平均水平；7）浙江：减排取得新进展；8）福建：无；9）山东：主要污染物排放继续下降；10）广东：化学需氧量、氨氮、二氧化硫、氮氧化物排放量可望完成年度指标；11）海南：国家下达的减排任务全面完成
中部	1）山西：二氧化硫、化学需氧量、氮氧化物、氨氮等主要污染物减排完成全年目标任务；2）吉林：化学需氧量、氨氮、二氧化硫、氮氧化物实现全年减排目标；3）黑龙江：二氧化硫排放量和化学需氧量分别下降 0.4% 和 2%，完成减排指标；4）安徽：除氮氧化物排放量外，完成年度主要污染物减排任务；5）江西：化学需氧量、氨氮、二氧化硫排放量均下降 1%，有效控制了氮氧化物排放；5）河南：化学需氧量、二氧化硫排放量分别削减 1% 和 3%；7）湖北：二氧化硫排放量和化学需氧量下降 1% 以上；8）湖南：减排力度进一步加大
西部	1）内蒙古：减排完成年度任务；2）广西：化学需氧量下降 2.38%，二氧化硫排放量下降 8.0%，氨氮和氮氧化物减排控制在国家许可范围；3）重庆：主要污染物排放量进一步降低；4）四川：化学需氧量、二氧化硫、氨氮、氮氧化物排放量完成国家下达目标任务；5）贵州：主要污染物排放总量控制在国家下达的指标范围内；6）云南：减排目标任务如期完成；7）西藏：减排任务顺利完成；8）陕西：主要污染物排放基本完成削减任务；9）甘肃：减排力度进一步加大；10）青海：减排取得明显成效；11）宁夏：强化节能减排，淘汰落后产能，循环经济试点成效显著；12）新疆：无

资料来源：根据各省、自治区、直辖市 2012 年政府工作报告的相关内容整理而成。

4.3.2　造成我国节能减排区域差异的原因

（1）各地区处于不同的经济发展阶段

地方政府实施节能减排的力度主要受经济发展水平的制约，具有明显的区域性。我国东部地区处于工业化后期阶段，工业逐渐让位于服务业，中西部地区目前正处于工业化初期或初期向中期过渡的时期，工业所占比重较高。而工业用电是拉动能源消费增长的主要因素，据能源专家测算，2011 年前三季度工业用电增长拉动能源消费增长5.2%，占工业产值70%的高耗能工业在前三季度拉动能源消费增长12.7%。因此，中西部地区相对东部地区来说，节能减排压力更大，尤其是内蒙古、宁夏、新疆等煤化工高耗能项目集中的地区更是如此。

（2）东部地区“三高”产业加速向中西部地区转移

随着经济结构调整压力的加大，东部地区加快了向中西部地区转移产业的步伐，转出的大多是“高消耗、高排放、高污染”的重化工项目。西部地区一些地方政府出于加快发展经济、实现赶超发展的考虑，对“三高”产业基本吸收，有的地区甚至为了承接东部产业转移不惜展开恶性竞争，如采取各种优惠政策承接产业转移，这使得中西部地区节能减排任务完成难度加大。

（3）不同地区节能减排技术和管理经验存在差异

与中西部地区相比，东部地区经济发展水平较高，财政收入相对充裕，因此在节能减排技术和管理投入方面力度较大，节能减排成效相对显著。中西部地区由于财力有限，对节能设备改造和节能技术创新投入不够，加之人力资本和管理经验相对欠缺，导致能源资源等利用效率较低，能耗和污染增加较多。

（4）中西部地区面临更大的经济发展压力

东部地区一方面具有明显的区位优势，另一方面又得改革开放风气之先，因而率先发展起来，如今大多已积累了较雄厚的经济基础，逐步具备了降低经济增长速度，加快经济结构调整，加大节能减排力度的条件。而西部地区则有所不同，除了拥有部分资源优势外，其他先天条件不足，改革开放相对滞后，经济发展明显落后，脱贫致富压力较大，因而面临着更大的经济发展压力，对节能减排的重视程度就相对较轻。

4.3.3 我国节能减排在区域方面存在的主要问题

（1）节能减排指标的区域分配方式较为粗略

以“十二五”节能约束性指标为例，中央政府将全国31个省、自治区、直辖市划分为5类地区，每类地区确定一个节能指标，其单位GDP能耗降低率分别为10%、15%、16%、17%、18%。虽然考虑了各地区经济发展阶段、经济发展水平和“十一五”节能目标完成情况的差异，但仍然显得过于粗略，未能充分体现地区针对性和差异性，这既不利于能源资源利用效率相对较低的中西部地区加快发展，也不利于东部沿海地区进一步发挥竞争优势、实现优化发展。

（2）各区域节能减排措施未很好地结合地方实际

梳理各地区 2011 年国民经济和社会发展计划草案的报告中关于节能减排的政策措施，基本上可归纳为以下四个方面：一是严格落实目标责任制；二是大力实施工程减排、结构减排和管理减排；三是进行污染治理和生态环境保护；四是开展循环经济和低碳经济试点。各地区一般是将中央的节能减排措施进行照搬和落实，缺乏结合地方实际、有针对性和创新性的、能较好发挥地区比较优势的新举措和新思路。

（3）区域间缺乏通畅的节能减排沟通机制

东部地区在节能减排技术和管理方面有很多值得中西部地区借鉴的经验，中西部地区能源利用效率较低、节能减排潜力较大。促进东部和中西部地区间合作有利于节能减排技术的传播和扩散，有利于发挥各自比较优势、实现全国节能减排目标。但由于地方行政区划的障碍，目前我国尚未建立其通畅的区域间节能减排的沟通机制和互助机制，影响了节能减排政策的整体实施效果。[35]

4.4　我国区域低碳发展空间分析

4.4.1　低碳发展空间聚类分析

我国幅员辽阔，各地收入水平、产业结构、资源禀赋等存在着很大的差异，因此在倡导节能环保、实施低碳发展时，必须要考虑到影响区域排放的因素差异，从而有目的、有针对性地制定不同的减排目标和策略。

（1）指标选取

在碳排放的因素分解中，Kaya 恒等式得到推广并被广泛地运用。Kaya 恒等式是由日本学者 Yoichi Kaya（1990）在联合国政府间气候变化专门委员会的一次研讨会上首次提出的。Kaya 恒等式通过一种简单的数学公式把人类活动产生的二氧化碳排放与经济、政策、人口等影响因素联系起来了。其表达式为：

$$C = (C/E)(E/\text{GDP})(\text{GDO}/P)P \tag{4.1}$$

Kaya 恒等式把能源相关的碳排放（C）对能源（E）、产出（GDP，国内生产总值）和人口（P）连接起来了。C/E 表示能源的碳排放强度，也就是单位能源碳排放；E/GDP 表示单位产出能源消耗（产出的能源强度）；GDP/P 表示人均收入；P 表示人口总量。

根据 Johan A.，Delphine F. 和 Koen S.（2002）的方法，可以在 Kaya 恒等式的基础上把碳排放按照下面的公式分解。

$$C = \sum_i C_i = \sum_i \frac{E_i}{E} \times \frac{C_i}{E_i} \times \frac{E}{Y} \times \frac{Y}{P} \times P \tag{4.2}$$

$$\frac{C}{P} = \sum_i C_i = \sum_i \frac{E_i}{E} \times \frac{C_i}{E_i} \times \frac{E}{Y} \times \frac{Y}{P} \tag{4.3}$$

在公式（4.2）中，C 为碳排放总量，C_i 为第 i 种一次能源的碳排放量；E 为一次能源的消费量，E_i 为 i 中能源的消费量；Y 为国内生产总值（GDP）；P 为人口。公式（4.3）表示的是人均碳排放的 Kaya 分解。从公式（4.3）可以看出，人均碳排放与能源结构$\left(\frac{E_i}{E}\right)$、各种一次能源的碳排放强度$\left(\frac{C_i}{E_i}\right)$、产出的能源强度$\left(\frac{E}{Y}\right)$和人均收入$\left(\frac{Y}{P}\right)$有关。其中各种能源的碳排放强度$\left(\frac{C_i}{E_i}\right)$可以看做是一个常数，具体的数值可以参考国家发改委能源所和国家科委气候变化项目组等研究机构给出的数值；产出的能源强度$\left(\frac{E}{Y}\right)$与产业结构密切相关。因此，本书选取人均碳排放、能源结构、产业结构、产出的能源强度、人均收入这 5 个指标作为进行碳排放分析的相关指标。

（2）聚类分析

正如第 3 章所述，聚类分析是一种很常见的数据挖掘技术，它的主要作用是用于揭示数据库中未知的对象类。本书过程中采用了 K 均值（K - means）聚类算法。K 均值算法是以平均值作为类的中心的一种聚类方法。假设有 n 个对象，把它分为 K 类。其中，分成的聚类个数 K 是采用 K 均值算法必须预先制定的参数。聚类的过程可以通过以下几个步骤来进行：第一步，随机选取 K 个对象，把每个对象作为一个类的中心，分别代表 K 各类；第二步，根据距离中心最近的原则，寻找与各对象最相似的类，将其分配到各相应的类中；第三步，在完成分配后重新计算每个类的平均值（中心），作为该类的新中心；第四步，根据距离中心最近的原则重新进行所有对象的分类；第五步，返回第三步，直到没有变化为止。

下面对我国内地各省的碳排放和与碳排放相关的发展情况运用 K 均值聚类算法进行分类分析。选取 2011 年我国内地 30 个省市自治区的人均收入、人均碳排放、能源强度、能源结构、产业结构作为指标来进行聚类分析。由于西藏数据缺失，所以这里没有把西藏纳入到分析过程中。指标中的人均收入、产业结构、人口、GDP 数据来源于《中国统计年鉴（2012）》，能源消费、能源结构、能源强度的数据来源于《中国能源统计年鉴（2012）》。能源结构用煤炭消费占能源消费的比例表示，产业结构用第二产业占国民经济的比重来表示，能源强度是用能源消费除以 GDP 算出来，人均碳排放数据是先根据 Kaya 恒等式算出各省一次能源的碳排放，然后除以各省的人口数得来的。

聚类分析中如果参与聚类的变量的量纲不同会导致错误的聚类结果。例如在本书分析中，能源结构和产业结构都是用百分比表示的，因而绝对值都不会超过 1，而人均收入的单位是元，具体数值在几千到几万不等，如果不对数据进行无纲量化，那么在最终的聚类结果中，由于产业结构和能源结构的数值绝对值太小，就会完全起不了作用。因此在进行聚类分析之前必须对变量值进行标准化，消除量纲的影响。具体的消除量纲是通过下面公式来进行标准正态化的，结果见表 4－3。

$$X_{ij} = \frac{X_{ij} - X_j}{S_j} \tag{4.4}$$

$$x_j = \frac{1}{n}\sum_{i=1}^{n} x_{ij} \tag{4.5}$$

$$s_j = \sqrt{\frac{1}{n}\sum_{i=1}^{n}(x_{ij} - x_j)^2} \tag{4.6}$$

在进行聚类分析时，我们初始 K 值选 4，就是说把全国省份分为四类，运用 SPSS 运算得到表 4－4 的聚类结果。

表 4-3　标准正态化的各省市排放指标

省　市	人均收入	能源结构	产业结构	人均碳排放	能源强度
北　京	2.318 527 513	-1.690 342 62	-3.299 198 866	-0.031 846 097	-1.263 239 559
天　津	1.310 783 91	-0.775 461 639	0.343 519 988	1.378 154 785	-0.692 741 572
河　北	-0.349 079 068	0.131 692 602	0.481 997 141	0.368 851 541	0.562 042 733
山　西	-0.551 506 798	2.156 329 054	1.164 962 85	1.042 477 85	1.569 559 442
内蒙古	-0.152 585 01	2.216 084 081	0.783 530 798	2.656 870 796	0.801 983 89
辽　宁	0.053 155 207	-0.511 153 51	0.622 179 656	1.098 050 492	0.133 620 43
吉　林	-0.361 728 926	0.566 450 946	0.426 132 003	-0.133 464 299	-0.245 523 744
黑龙江	-0.604 123 725	0.248 745 304	0.080 922 96	-0.232 174 974	-0.004 861 808
上　海	2.876 076 598	-1.156 494 729	-1.038 198 607	0.847 326 992	-0.893 134 803
江　苏	1.059 178 957	-0.002 638 35	0.205 773 996	-0.013 721 006	-0.952 971 043
浙　江	1.886 783 304	-0.423 502 441	0.194 102 792	-0.164 840 069	-0.977 012 399
安　徽	-0.417 918 778	0.987 766 628	0.576 702 178	-1.146 994 63	-0.648 187 796
福　建	0.643 950 374	-0.451 569 34	0.246 325 987	-0.427 813 58	-0.846 970 616
江　西	-0.472 147 542	0.040 782 996	0.613 894 155	-1.296 801 89	-0.881 601 591
山　东	0.337 667 792	0.142 827 08	0.407 632 121	0.223 411 428	-0.346 453 103
河　南	-0.422 660 674	0.613 182 514	0.946 227 901	-0.695 825 03	-0.257 263 85
湖　北	-0.365 897 138	-0.102 129 153	0.041 795 51	-0.417 388 035	-0.285 271 268
湖　南	-0.349 176 282	-0.485 676 025	-0.256 514 211	-0.699 952 392	-0.339 245 722
广　东	0.953 987 108	-0.891 952 659	0.005 105 312	-0.528 246 896	-1.015 658 752
广　西	-0.508 286 05	-0.449 860 269	-0.154 172 066	-1.095 387 356	-0.548 645 446
海　南	-0.420 724 79	-1.249 271 177	-2.649 385 358	-1.111 633 447	-0.780 860 02
重　庆	-0.190 873 033	-0.452 370 802	0.708 317 907	-0.330 210 636	-0.205 619 712
四　川	-0.515 213 467	-1.062 109 965	0.346 474 276	-0.702 296 88	-0.067 419 713
贵　州	-0.921 750 374	0.877 524 985	-1.387 794 161	-0.592 034 839	1.476 408 065
云　南	-0.602 833 536	0.051 982 824	-0.888 217 682	-0.956 761 583	0.253 851 569
陕　西	-0.605 775 168	0.959 381 779	0.716 106 167	-0.596 076 944	-0.437 292 479
甘　肃	-1.130 858 285	-0.058 297 135	-0.285 404 897	-0.645 264 118	0.776 269 415
青　海	-0.973 188 728	-1.342 696 984	1.082 175 234	1.381 693 876	2.229 166 025
宁　夏	-0.639 887 778	2.141 696 596	0.071 711 378	2.176 288 133	2.619 831 08
新　疆	-0.883 895 614	-0.028 920 591	-0.106 704 464	0.645 608 807	1.267 242 347

表4-4　聚类分析结果

Final Cluster Centers				
	Cluster			
类　别	1	2	3	4
人均收入	1.52	-0.17	-0.32	-0.45
能源结构	-1.08	-0.51	0.08	2.17
产业结构	-1.36	0.48	0.14	0.67
能源强度	-0.20	0.97	-0.57	1.96
人均碳排放	-0.99	0.70	-0.21	1.66
类内个数	5	5	17	3

（3）结论

通过 *K* 均值聚类分析，按照和低碳经济发展相关的5个因素，即人均收入、人均碳排放、能源强度、能源结构和产业结构，可将中国内地（西藏除外）分为四个区域。

第一类区域为北京、上海、浙江、广东、海南。北京、上海、浙江是中国最发达的地区，经过这么多年的产业结构调整和升级，该地区已经形成以现代服务业为主的产业结构模式。这些地区人均收入和生活水平较高，促使该地区碳排放增长的主要动力是城市居民消费方式的转变。该类地区实施低碳发展模式的重点在于转变传统工业文明的消费观念，倡导低碳消费方式。具体的举措有：大力推广建筑节能、鼓励使用节能电器、降低单位产品生产和使用的能耗，提倡公交、步行以及骑自行车等绿色出行方式。广东和海南的主要特点是能源结构中煤炭的比例非常低，而石油、天然气和电力等比重较大；产业结构中工业比重不大，人均排放量少。海南作为一个旅游强省和生态农业大省，工业经济比重在全国是最小的省份之一。广东省一直都是中国改革开放的前沿阵地，经过这么多年的发展，产业逐渐升级，逐渐从以前的资源、劳动密集型向技术、智力密集型转换。

第二类区域为天津、河北、辽宁、青海、新疆。工业在该类地区中的比例高，导致能源消费量大。提升这些地区的节能减排效率，应加快经济结构调整，深化工业转型升级，围绕现有资源优势和禀赋，培育壮大“新字号”，对新型能源产业、新材料、先进制造业、物流业等产业加大扶持力度，对高污染、高耗能的项目在招商引资、环评等过程中坚决拒之门外，努力形成持续、环保、健康的经济增长点、市场消费和就业拉动点。

第三类区域为吉林、黑龙江、江苏、安徽、福建、江西、山东、河南、湖北、湖南、广西、重庆、四川、贵州、云南、陕西、甘肃 17 个省区，它囊括了中国绝大多数省区。这些地区人均收入比较低，正在承接东部发达地区的产业转移，第二产业的比重在将来还会逐渐增加，工业耗能和工业碳排放也将会有较大的增长，这类省区应通过技术进步来调整产值的能源强度，充分发挥科学技术在减排中的作用，同时注意调整优化产业结构，转变生产模式，注重可再生能源的开发和利用，不能重走发达地区先污染再治理的老路。

第四类区域为山西、内蒙古、宁夏。这些省份是我国煤炭资源的主要产地，煤炭在能源结构中的比重非常大，导致这些省份的能源强度非常高。这些地区也是我国减排压力最大的地区，在低碳减排方面最关键的是要努力提升煤炭资源的利用效率、降低能源强度、加大科技投入力度、使资源得到充分利用。

通过以上聚类分析可以看出，中国省域间的差异很大，这种差异必然要求采取不同的减排政策和措施。[36]

4.4.2 区域低碳发展模式选择

1）欠发达区域基于区域学习的低碳发展机制

（1）欠发达地区基于区域学习的必要性与可行性

欠发达地区区域经济发展水平较低，按照传统的区域发展规律，快速工业化阶段，产业发展以大量的要素资源投入为基础，大力发展资源能源消耗型工业，对区域生态环境造成严重损害，发展的负资产之一就是碳排放水平的急剧上升。欠发达地区要转变发展方式，基于发展的现实基础，在区域产业结构，低碳技术研发，区域低碳治理等方面需要借鉴引入外部先进的低碳发展技术与治理手段等。因此，欠发达地区低碳发展的基本战略即是学习与模仿，最终达到区域低碳创新发展的目的。基于引进——吸收——创新战略，欠发达地区基于低碳经济的跨越式发展过程，核心就是区域学校，引进学校的对象，吸收转化为区域内在的发展动力并最终形成区域低碳创新发展，学习能力是整个过程的关键所在。特别强调的是区域学习既包含一般意义上的广义的区域学习，区域学习是区域创新的重要基础也是区域创新机制的一个方面，是实现区域转变以资源、能源等要素投入主导的发展模式，转向以创新主导的发展模式的重要基础，因为只有区域整体经济、社会发展方式的根本转变，才有可能实现区域发展过程中碳排放的降低，实现经济、社会、生态环境的综合协调发展，实现生态文明意义下的区域发展。同时，区域学习还包含满足区域低碳发展要求的具体的狭义的区域低碳发展学习组织与机制的建设。后者作为前者的一个具体方面和重点内涵。所以区域学习的组织结构及运行机制等方面均包含一般意义和具体低碳发展要求的意义。

在全球化知识经济大背景下，知识是区域经济发展的基础。Wink（2003）认为企业、产业及区域的发展是综合的复杂的知识体系在一个动态变化的外部环境中运行的结果，区域发展需要专业技术知识及相关辅助知识和社会人文知识。区域低碳发展核心的区域产业发展的低碳转变、区域空间布局的低碳转变、社会治理方式低碳转变等，除了必须的硬件需求，更重要的是建立在区域低碳编码知识和隐性知识基础上的低碳技术，制度、理念、社会意会知识等，区域低碳学习的基础即区域不同类型的低碳知识，知识的特性和类型特征决定了区域低碳学习的特征。知识属性决定了区域低碳发展主体在地理空间的集聚，促进区域低碳技术创新、文化创新和社会创新，形成欠发达区域低碳发展的由区域低碳学习与模拟向区域低碳创新的跨越式发展的转变。

（2）欠发达地区低碳发展区域学习框架及作用机制

①区域低碳学习的组织结构。区域学习强调组织之间的集体学习，不同主体之间的交互式学习在欠发达地区区域低碳发展的学习与创新过程中发挥重要作用。在区域低碳发展与创新过程中，企业作为低碳知识生产、扩散、应用子系统的交叉点，其学习能力与动力强弱是制约以大学、科研机构为核心的低碳知识生产系统和以中介机构为核心的扩散系统构成的区域学习网络运行效率的核心指标。大学、科研院所及研发型企业是区域低碳创新形成与发展的技术中心和知识中心，在区域学习过程中，科研院所等研究机构与企业间的交互式学习与交流为区域低碳知识重组与创新，低碳技术扩散提供途径及创新源。区域内不同类型性质的中介服务体系，包括低碳产业转化平台、低碳风险投资、法律咨询、会计服务、低碳信息服务等，促进了区域官产学研合作，沟通区域不同主体之间低碳知识的流动既是区域学习的脉络，也是欠发达地区区域学习成熟的标志。政府的职责是制定适合的低碳发展政策制度，构建和维护区域低碳

学习网络，引领区域低碳学习与发展的方向，规范区域学习与发展的行为，调控区域学习与发展的进程，以此保障欠发达地区区域低碳知识生产、创新、扩散的有序进行。在大学及科研院所、企业、政府三位一体的三重螺旋模式中，政府的职能就是以政策、制度、机制保障发挥区域主体学习的自主性，促进区域内研发资源与企业的联系。同时，地方根植性学习文化为区域学习奠定了学习的文化环境与基础，低碳意会知识的传递与共享基础促进了区域低碳显性知识的学习，发挥着重要作用。由此，结合区域学习系统组织关系，建立区域低碳学习的组织结构。

②区域低碳学习的机制。交互式学习：在欠发达地区区域低碳学习与发展过程中，区域主体间的互动的重要方面就是交互式学习。通过交互式学习，对欠发达地区区域低碳发展与创新所需的低碳知识及区域不同主体间现有的低碳知识进行整合、共享与交流。在欠发达区域低碳发展过程中，区域主体间的互动学习是基本规则。区域中各主体间通过低碳产品、中介服务、低碳技术等交易或交换，以及低碳知识、信息等的流动和扩散等而建立联系，区域的互动联系可以看作是集体交互学习的过程，各行为主体通过学习从对方身上获得了自身创新与发展所需的互补性的资源，进一步提高自身低碳发展与创新能力。

关系网络：在国家、区域、企业不同尺度的地域空间内，不同主体间存在不同的关系网络。网络为区域显性知识及隐性知识的扩散提供了通道和保障，促进了创新技术、知识和思想的迅速交流与传播。关系网络促使欠发达地区持续获得低碳文化、低碳经济、低碳技术、低碳制度、低碳治理等方面的学习与创新，实现区域基于低碳经济的跨越式的能动发展和竞争力的提高。区域内部关系按不同尺度可分为企业关系网络、区域关系网络和国家关系网络三个层次。

不同类型低碳知识转换：区域学习机制强调知识的转化，前者分析区域低碳知识资源可分为低碳编码知识和低碳意会知识，低碳意会知识对区域低碳发展具有特别重要意义。区域不同主体之间和不同层次之间低碳编码知识和低碳意会知识的交流与转化是区域低碳知识创新的主要来源。

③欠发达地区低碳发展区域学习过程。欠发达地区通过多维的关系网络构成了基于学习的区域低碳发展网络，区域学习过程包含三个层次：

第一层次，区域内核心企业间的交互式学习过程。区域核心企业间在空间临近、产业关联、社会文化等因素作用下，通过垂直方向“供应——生产”

关系网络，水平方向“竞争——合作”关系网络建立复杂多维的区域学习网络，区域低碳知识在网络中流动，核心企业通过交互式学习实现低碳知识与技术的共享与再创造。基于区域内企业个体人员在情感、知识结构、社会共识和语言等方面的共性基础，企业个体通过关系网络的非正式交流渠道共享区域内的低碳发展隐性知识，促进了区域低碳发展意会知识的流动与学习。此外，企业之间的人员流动促进了低碳知识与技术的扩散，外部劳动力的流入为低碳知识与技术的传入及其与区域低碳知识系统内部原有知识的重新组织提供可能。

第二层次，区域低碳知识生产系统，中介服务系统与核心企业间的低碳知识流动与交互式学习过程。区域内科研院所等组成的低碳知识创新中心，以及区域内低碳技术中介、信息中心、风险投资等中介服务机构构建的专业服务通道实现创新性的低碳知识持续地向以创新主导的低碳化生产模式转变，进而实现产业结构的调整和生产方式的转变。

第三层次，区域的外围网络向核心网络的低碳知识流动及跨区域的交互式学习与创新过程。前面两个层次是区域低碳发展的基础，因为区域低碳发展最终需要建立在自身发展基础和优势发挥的基础上。第三层次区域学习体现了欠发达地区低碳发展向先行领先发达地区在低碳技术创新、低碳政策制度突破，低碳社会治理革新的学习与引进过程，体现了基于学习的欠发达地区在低碳发展方面的学习与模拟的精神。区域政府在组织跨区域的学习与交流过程中发挥重要作用，以跨国公司与本地企业的交互式学习为主要途径，在跨区域的人员流动与培训，低碳技术扩散，低碳文化融合，低碳产业连接，市场连接等过程中不断产生区域主体间的交互式学习。区域外部低碳知识的融入，以及内部相应低碳知识的调整与重组，构成了区域低碳知识的再生产，产生新的低碳知识进入区域内外的流通。由此，促进区域低碳发展，实现欠发达地区基于学习的低碳跨越式发展。

2）发达区域基于区域创新的低碳发展机制

区域经济发达地区经济发展已经达到较高层次，面临经济发展方式转型、产业结构调整的现实要求与挑战。在区域低碳发展过程中，已经积累了相当的经济、技术、治理、制度基础，在区域低碳发展中，探索经济发展方式转型，突破低碳发展限制，在低碳知识、低碳技术、低碳制度、低碳治理、低碳产业、低碳空间规划等方面实现创新发展，以实现区域经济转型发展，对外进行

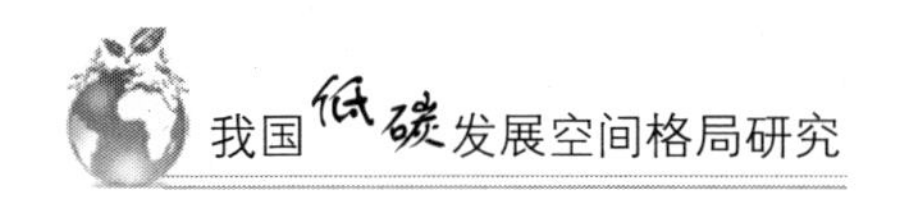

低碳技术、低碳治理等发展辐射，引领区域低碳发展的方向。

从区域低碳创新系统的构成要素来看，区域低碳创新系统包括低碳创新主体、低碳创新资源和低碳创新环境。区域低碳创新主体包括区域各级政府、企业、科研机构和大学、中介机构等。中介机构包括信息中心、咨询机构、经济组织、评估机构、仲裁机构和交流中心等。区域低碳创新资源包括市场配置资源（如人才资源、金融资源、信息资源等）和政府调控资源（如权威、政策资源等）两个方面。区域低碳创新环境包括内部创新环境和外部创新环境两个方面。区域低碳创新系统结构实质上就是低碳创新主体积极利用和合理配置各种低碳创新资源，在特定的创新环境下形成的一个旨在推动低碳技术创新和制度创新的体系。在区域低碳创新系统中，创新主体是区域低碳创新的执行者、参与者和推动者，创新资源是区域低碳创新的基础和条件，而区域创新环境是区域低碳创新得以顺利进行的根本保障。

从网络结构来看，区域低碳创新系统是以市场经济为基础的社会经济网络的重要特征。区域创新系统的网络结构，主要表现在系统中各创新主体和中介机构以独立法人为单元在区域市场中构成非层次性网络。有学者认为创新体系是一个巨系统，由知识生产系统、技术创新系统、政策支撑系统、知识产权保护系统、科技中介服务系统、创新文化环境系统构成。因此，我们认为区域低碳创新系统的网络结构也包括低碳知识生产系统、低碳技术创新系统、低碳创新政策系统、低碳创新服务系统、低碳创新文化系统五个方面。

应对全球气候变化，区域低碳创新系统的构建是在科学发展观的指导下，致力于建立资源节约型、环境友好型社会，通过区域低碳创新系统的结构—功能的互动与运行机制的构建，实现我国节能减排和低碳发展，促进区域经济社会可持续发展。区域低碳创新系统的结构需要与其功能相适应与匹配，这种适应与匹配就需要一定的运行机制得以链接。因此需要分析和构建区域低碳创新系统的结构——功能模型的主要运行机制。在全球气候变化背景下，区域低碳创新系统结构——功能模型的运行机制主要包括：低碳创新主体层面，即构建低碳知识生产机制；低碳创新资源层面，即构建低碳创新学习与服务机制；低碳创新环境层面，即构建低碳创新信任与宣传机制。[37]

第5章　城市群低碳发展空间格局分析

5.1　城市群内涵界定及我国典型城市群概况

5.1.1　城市群内涵界定

1）市群相关概念评析

在全球化、信息化与市场化的今天，无论在世界还是中国，城市群已成为区域经济发展的动力源泉和全球经济体系的功能枢纽，对城市群的研究日益引起国内外众多学者的关注。然而城市群作为城市区域化和区域城市化过程中出现的一种独特地域空间现象，其概念于1957年由法国地理学者戈特曼提出，20世纪80年代引入我国。对于“城市群”概念，国内外学者提出了多种表述。从众多学者的表述可以看出，对城市群的概念最初从地理景观定义扩展到经济现象定义，然后再扩展到网络体系上的定义。

有的学者基于地理景观的视角，如戈特曼（1957）提出，大都市带（城市群）是由许多都市区连成一体，在经济、社会、文化等方面存在密切交互作用的巨大的城市地域，是一种以其高密度的城市和一定门槛规模的人口以及巨大的城市体系区别于其他地区和其他城市类型的空间组织；周一星（1996）借鉴欧美城市研究概念提出了都市连绵区的概念；周干峙、刘容增（2003）提出城市群为城镇高度密集地区，反映了一个区域城镇数量上的集聚程度和质量上的发育程度。

有的学者基于经济现象的视角，克里斯泰勒（1933）即提出过运用市场经济原则对城市群的城市等级规模作了解释，阐述了一定地域内存在不同等级的城市，不同级别的城市功能有所不同；姚士谋（2001）认为在特定的地域范围内具有相当数量的不同性质、类型和等级规模的城市，依托一定的自然环境条件，以一个或两个特大城市作为区域经济的核心，借助于综合交通运输网的通达性和传导便捷的信息网络，促使城市个体与个体之间发生紧密联系与合作，从而共同构成一个相对完整的城市“集合体”。

有的学者基于网络体系的视角，顾朝林（1995）提出由若干个中心城市在各自的特有的经济结构和基础设施方面，发挥特有的经济社会功能，从而形成一个经济、社会一体化的紧密联系的有机网络；吴传清（2003）认为在城市化过程中，在特定地域范围内，一系列不同性质、类型和等级规模的城市基于区域经济发展和市场纽带联系而形成的城市网络体系；吴缚龙、王红扬（2006）认为在全球经济一体化背景下，诸多城市实施城市振兴计划，依托大型项目为支撑，不断向文化产业与高新科技发展，同时强调城市文化的传承与发扬，使文化与产业形成了良性互动，甚至创造城市品牌，城市与城市之间形成了一个产业相互关联的城市网络群。

城市群概念定义的变化是随着其发展过程中的动态变化，不仅表现为群体内城市规模、结构、形态和空间布局等外部特征，而且更反映于城市群内部分工合理，以及城市之间时空耦合的过程，一般具备如下几个特征：一是城市群人口规模大，人口密度大，城镇密度大，城镇化水平高；二是城市等级体系序列完整。城市等级体系由少数超大和特大城市以及大量的大中小城市相互串联而形成，其中中心城市对群体内其他城市有较强的辐射作用与向心作用；三是拥有合理配套的产业分工与协作网络。城市与城市之间产业优势互补，紧密联系，实现最大经济效益，促进资源的集约利用，并向一体化方向发展；四是拥有由高速公路、铁路、航道、通信干线、运输管道、给排水管网和电力输送网体系等所构成的区域性基础设施网络。其中，发达的公路、铁路、航道设施构成了城市群空间结构的骨架；五是在区域经济发展中，城市群能起到枢纽作用，它是连接国内外资源要素流动与科学技术创新的孵化器和传输带。

2）城市群的两个核心特征

城市群体化发展的表现规律就是空间关联过程，空间关联反映了城市群系统运行中所形成的一系列组织关系和相互作用关系的总和，是城市群空间结构的本质属性。从城镇化初期单个城市孤立极化发展开始，随着经济联系的深入和交通、信息联系的便捷化，区域城市实现向多核网络的群体跃变。在这一跃变过程中不仅涉及城市群的个体间空间结构上的显性整合，还包含了经济、社会和文化领域的多层次隐性融合。空间形态上体现为地域临近、城镇密集、设施网络一体、空间景观连续的演变过程。而在空间形态演变的背后，则是广泛存在的由自然联系、经济联系、人口联系、社会文化联系、技术知识传播联系、信息联系以及政治、行政、组织联系等组成的多维联系网络，并逐步向一体化方向发展。

因此，从纷繁的城市群概念回归城市群形成与发展的现实本身，我们可以看出，城市群作为某一尺度和地域一组相互作用联系的城市在空间上集聚的一种状态、一种行为和发展过程的结果，包含了两个基本的特征维度：一是显性的地理特征；二是隐性的关系特征。两大特征的内在一致性是接近性。

（1）地理接近性

集群公理是地理学的基本公理之一，而空间集聚则是人类在区位选择中极为重要的空间经济活动原则（韦伯，1912）。集群作为经济发展的空间上表现出来的最重要的特征，已经成为当今世界经济发展的一个非常普遍的现象（波特，1999）。城市群无疑也体现出当代这种集群的经济地理景观。

从纯地理学意义上说，城市群是一定地域内城市分布密集，城市间相互邻近，具有三个方面显著的地理接近性特征：①地域性。城市群首先是一个地域概念，具有特定的空间地理范围与彼此相邻的地缘关系。②群聚性。城市群是若干城市的集合体，在有限的地域范围内集聚了一定数量的城市，或者说城市分布达到较高的密度。③通达性。城市群以发达的交通、运输和信息网络基础设施为物质依托和支撑，不断减少城市间空间联系成本，有力推动自身发展。

（2）关系接近性

城市群不是在某一个地域中大量城市的简单叠加，地理学意义的城市群可能并不存在明显的横向联系或协调互动性，诸如无形的制度壁垒、地方保护主义、产业发展的同构性、小而全的低级生产力要素组合等行政区划的衍生障碍都会导致一些必要的社会经济分工合作很难开展。此时，地理接近并不必然起到城市群功能互补和整体效应增大的作用，也不代表可以充分发挥社会经济潜力。可以说这种城市群是形态上的群集而非功能上的组团。

城市的地理接近性仅仅是城市群形成的自然基础或必要条件，但并不是充分条件。因此，从关系接近性上看，一个稳定的城市群表现出极其明显的地域整体特征，整体性的高低，主要取决于两方面：①区域中各种相关的正式制度安排；②区域中各种非正式的联系对区域本地关系的依赖程度。多样化的与不断一体化的关系接近性是现代意义的城市群与地理学意义的城市群的根本区别。需要特别指出的是，在今天全球化与信息化的时代，关系接近既可能是地方的也可能是全球的。也就是说，关系接近并不必然意味着城市群的存在。

综上，城市群具有地理接近性和关系接近性双重属性特征，两者各自发育程度的组合关系决定了城市群发展的阶段性与成熟度，而两者的发育程度又是与特定的地理条件和具体的社会经济环境相关联的。因此，我们今天所说的城市群，已经远远不是戈特曼所研究的空间地理现象，而是一组内在联系更为多样与密切的地域性组织。

弗里德曼（2005）认为，当前城市间的网络正在从功能性到战略性发生着转变，并指出以汉萨同盟城市所经历的和欧洲现在正在经历的欧洲城市联盟，战略联盟的经验对于太平洋沿岸现有的和正在形成的世界城市具有重要意义。因此，当前及未来城市群研究应当更加关注建立在地理接近性上的关系接近性的分析与理解。

基于上文对城市群地理接近性与关系接近性两个维度特征的分析，结合实践经验，我们进行更加深入地剖析，可以发现当前城市群的形成有两条不同路径，一条是在市场机制的作用下经由自组织机制（“看不见的手”）的自发演化形成的，另一条是以自组织机制为基础经由政府空间规划（“看得见的手”）形成的。两种路径对应着两种规制——自组织和他组织，它们并不是互相排斥的，其中又以自组织机制为先。自组织（市场行为）是城市群形成的基础，他组织（政府行为）是派生的，是一种对自组织进程的修正。他组织的制定不是随意的，它必须和自组织机制相一致。自组织和他组织之间是可以相互协调和共存的，他们之间的关系是一种互补的关系，而决不是一种简单的相互取代的关系。[38]

5.1.2 我国典型城市群概况

1）长三角城市群

长江三角洲北起通扬运河，南抵杭州湾，西至镇江、扬州、东到海边，包括江苏、浙江两省部分地区和整个上海市，面积约 5 万平方千米，是一片坦荡的大平原，只有少数小山丘像孤岛一样矗立在平原之上。这里海岸线平直，海水黄浑，有一条宽约几千米至几十千米的潮间带浅滩。

（1）演变过程

长江三角洲坦荡宽广，其演变形成过程大体由三个方面组成：一是作为长江三角洲主体的太湖平原形成；二是长江携带的泥沙在长江口的堆积；三是人类生产活动对长江三角洲形成的影响。

（2）地域范围

长江三角洲主要有两层含义，一个是地理上的长江三角洲，一个是经济上的长江三角洲。①地域范围：长江三角洲经济圈的地域范围比较模糊，不过远远超出了地理上的长江三角洲。一般把上海视为长三角经济圈的中心，南京、杭州、宁波、苏州、无锡视为长三角经济圈的副中心。城市群名单为：上海、江苏的南京、苏州、无锡、常州、镇江、扬州、南通、泰州、淮安、盐城、徐州、连云港、宿迁，浙江的杭州、宁波、嘉兴、湖州、绍兴、台州、金华、温州、丽水、衢州、舟山，安徽的合肥、马鞍山。以沪杭、沪宁高速公路以及多条铁路为纽带，形成一个有机的整体。②经济上论：近年来，长三角以其良好的基础设施、发达的科技教育和日趋完善的投资环境，成为国内投资者关注的“热土”。长江三角洲城市圈是世界六大城市圈之一。按照国务院 2008 年关于进一步发展长三角的指导意见，正式确定将长三角扩大到两省一市，即江苏、浙江全省和上海市。这个战略规划兼顾了区域平衡和互补，将苏北和浙西南纳入长三角范围，在土地、资源、人才等层次上明显提升了长三角的实力和发展潜力，长三角占中国经济总量也由不足 1/5 提升到接近 1/4，尤其是苏北和浙西南将成为最具增长潜力的地区，对拉动整个地区经济增长，促进长三角核心地区产业配置有极其重要的作用。据无锡市统计局公布称，2012 年长三角核心区 16 城市 GDP 总量逼近 9 万亿元，总量占全国的 17.3%，除上海、苏州较早迈入 GDP“万亿俱乐部”外，有 6 个城市 GDP 总量超过 5000 亿元。

（3）交通

长三角地区是中国交通最为发达的地区之一：①铁路：沪宁铁路、宁启铁路、沪杭铁路、沪杭城际铁路、京沪高铁、新长铁路、甬台温铁路、沪宁城际铁路。②公路：沪宁高速公路、宁杭高速公路、苏嘉杭高速公路、沪杭高速公路、杭甬高速公路、苏州绕城高速公路、杭州绕城高速公路、锡澄高速公路、江苏沿江高速公路、上三高速公路、甬台温高速公路。③机场：上海浦东国际机场、虹桥国际机场、浙江杭州萧山国际机场、宁波栎社国际机场、台州黄岩路桥机场、江苏南京禄口国际机场、常州奔牛机场、无锡硕放机场、南通机场。④航运：上海港、苏州港、嘉兴港（含乍浦港）、宁波舟山港（含北仑港）、台州港、南通港、南京港。⑤桥梁：江阴长江大桥、润扬长江大桥、苏通长江大桥、东海大桥、杭州湾跨海大桥等。

（4）联动发展

上海城市群已形成了整体能级稳定、层级分明的发展体系。上海城市群与南京、杭甬城市群三个层级共同形成了长三角地区互通互融、联动发展的大格局。产业结构调整进一步深化，高端产业的发展趋势明显。上海城市群二三产业生产总值位居前列。推进现代服务业，金融、现代物流、信息服务等现代服务业呈加快发展态势。

上海以其优越的地理区位重新成为国际性大都市。整个长江三角洲地区城市群中重点城市的发展是在交通等基础设施发展的基础上，依靠港口、航道、交通枢纽等重要区位，内引外连，以上海为贸易、金融、信息中心向海外发展。由此也可见一个中心城市的确立对一个城市带的形成和发展的重要性。

（5）面临的挑战

近年来，随着中国改革开放的日益成熟和长三角产业结构的调整，长三角产业结构不断优化，制造业在全国相关产业中的优势得以进一步加强，形成了电子信息、汽车制造、化工、钢铁等支柱产业。究其原因在于，长江三角洲城市群历史上就形成了良好的中国制造业发展基础，这里有相对成熟的较高水平的产业劳动力、有改革开放初期即已具有的行业门类较为齐全的产业体系、有相对富足的产业资本、悠远的经营文化和较为灵活的制度体系。人、制度、环境及其活动空间的适配为长江三角洲近 30 年的快速发展奠定了坚实的根基，使得长江三角洲经济增长连续多年高于全国平均水平，更高出国外世界性城市区域的平均增长水平。如此显著而耀眼的经济成长使长江三角洲正在成为中国崛起中的世界性城市区域和全球产业空间中孕育着的世界制造业采购中心。然而，全球化正是一把双刃剑，在机遇过后更多的是接踵而至的挑战。在全球化网络的时代和空间中，世界格局高度组织化和一体化，不同的地域空间可能面临着相似的竞争态势，具有后发优势的地域更有可能以时间换空间在信息社会迅速浮出水面。事实上，改革开放30年来的长三角所经历的不仅是中国经济的转型，更经历的是中国对全球化蔓延半自觉半被动的响应过程。一路发展至今，长江三角洲在抓住机遇的同时面临的挑战也日益严峻。在国内，京津地区借首都之利和天津滨海新区的势头迅速上位，珠三角籍数十年发展积累及CE-PA的粤港合作仍待发展，环渤海、东北等传统老工业基地不断奋起，而中部崛起中的几大城市群也不容小觑，中国区域中心和国家重点发展空间之争是长三角无法回避的挑战之一。国际上，由于长江三角洲经济持续发展造成制造业成本快速窜升，人力成本投入增加、地租上升等，制造业的比较优势正在减弱，加之中国周边越南、柬埔寨等国开始卷入全球化的资源争夺中，长三角部分制造业在成本驱动和利润驱动下有外迁的趋势。区域产业微观格局的可能变动将直接对长江三角洲城市群的全球节点地位形成不容忽视的外部挑战。长江三角洲城市群在中国改革开放和经济全球化浪潮的双面碰撞中遭遇到的是其他国外世界性城市区域从未面对过的来自内外部的震动环境：国内经济结构调整、分税制带来地方政府力量增强、国家宏观调控力量向地方政府经济行为过渡、全球化竞争、区域化合作、国内市场国际化、国际竞争国内化等。结果是，面对经济全球化、区域一体化、地方行政力量的调整以及可持续发展的趋势，长三角城市群正在经历着变革性的演变和挑战。

（6）比较优势

一是，经济总量大，加工工业发达。长三角地区是我国经济总量规模最大、经济实力最强劲的地区之一。经济总量逐年持续走高，并且人均GDP也远远超出全国平均水平，发展状态良好。同时，长三角也是我国最大的综合性加工基地。产业门类齐全，轻重工业发达，其纺织、服装、机械、电子、钢铁、汽车、石化等工业在全国占有重要地位，有宝钢、上海汽车等许多国家重量级工业企业。但比较其他两个经济圈而言，这里以微电子、光纤通信、生物工程、软件工程、新材料等为代表的高新技术产业更为突出，尤其近年来，电子信息、制造业的增幅始终维持在30%以上，上海、无锡和杭州被确定为国家级IC设计产业化基地。最近阶段，长三角地区由于有良好的基础设施，发达的教育和日趋完善的政策环境，成为国内外投资者关注的热土，跨国资本大举向长三角地区转移，被认为是未来世界经济增长潜力最大、增长速度最快的地区。

二是，城市化水平较高，城镇体系层次性明显。长三角是我国城市最密集的地区，占全国土地面积1%的土地上集中了全国7.25%的城市，目前城市化率达45%，平均每万平方公里有6.9个城市，平均每万平方公里分布着68座城镇，这三项指标均高于京津冀和珠三角都市圈，总体上已形成一个包括特大、中、小城市和小城镇等级层次明显的城镇体系，能产生较高的城市群体能级效应。

三是，乡镇企业发达，区域内经济扩散。长三角地区是中国乡镇企业发展较早的地区，这里较早诞生以集体和私营经济为主体的“苏南模式”和“温州模式”。目前，乡镇工业几乎遍布乡村，成为长江三角洲工业发展极富生机的实体，在苏州、无锡、常州和南通等地，乡镇企业现在的产值已占当地工业产值的2/3，区内多数地区也占到1/2，在农村的工农业总产值中，工业占到80%甚至90%以上，可以说，乡镇企业成为这一地区的支柱产业。这种具有地方特色的“簇群经济”是其他两个经济圈所不具备的。

2）珠三角城市群

珠三角开放早，发展外向型经济是这个地区的显著特点。由于紧邻港澳，区位优势使得广东省与港澳形成了要素流通的通道，“前店后厂”成为两地合作的典型模式，港澳的资金、技术与管理经验随着直接投资进入广东，时值国内劳动力流动加快的新时期，内地丰富的劳动力纷纷涌入珠三角地区。

（1）演变过程

珠三角城市群一体化的发展历程可分为三个阶段：第一个阶段为萌芽阶段，主要是1985至1993年，1985年2月党中央先后决定将长三角、珠三角、闽南三角洲地区和环渤海开辟为沿海经济开发区。这一阶段还处于计划经济体制主导的经济中，由于行政区划分割，市场机制的作用不充分，珠三角的一体化进程还停留在理念层面。第二阶段为稳步发展阶段，主要是1994至2002年，由于珠三角主要以广东省内城市为主，这使得珠三角一体化进程相对比较容易。第三个阶段为快速发展阶段，即2003年至今，在这一阶段，出现了以珠三角、大珠三角和泛珠三角等三个层次的多种区域合作方式，可以看出，区域合作不断取得实质性突破，但还存在很多进一步发展的空间。

（2）地域范围

珠三角城市群以广州、深圳、香港为核心，包括珠海、惠州、东莞、清远、肇庆、佛山、中山、江门、澳门等城市所形成的珠三角城市群，是我国乃至亚太地区最具活力的经济区之一，它以广东 30% 的人口，创造着全省 77% 的 GDP。大珠三角面积 18.1 万平方千米，以经济规模论，大珠三角相当于长三角的 1.2 倍，已成为世界第三大都市群。

（3）形成的推动因素

珠三角城市群形成的原因主要有如下几点：

第一，政府政策机遇。1978 年实行改革开放以来，我国城镇化发展出现了新的契机，尤其是改革前沿的广东省，更是从中得到了空前的发展。改革开放先行一步的经济和政策优势，对珠三角城市群的形成和发展具有重大意义。这种经济体制的改革与对外开放格局的初步形成，极大的吸引了全国的资金、人才、技术等生产要素在这里集聚，为珠三角城市群的形成铺平道路。

第二，行政区域规划优势。珠三角同属一个省管辖，在资源整合协调上明显优于长三角或京津冀地区，后二者由三省市管辖，整合协调相对较难。这一因素可以使得珠三角能够更好的在统一的规划与安排下整合各城市的资源，发挥各个城市的优势，相互分工合作，这能够使城市群进行良性循环。

第三，地缘优势。珠三角区位优势十分明显：珠三角比邻港澳，且改革开放初期正逢港澳产业结构升级换代，需要依托大陆转移其成本日渐高昂的轻型产品加工制造业，于是大量资金流入珠三角城市；面临南海，与东南亚隔海相望，越过海洋能与整个世界连结在一起。

第四，具备极大包容性的文化。岭南文化毫不排斥地接受来自五湖四海的投资者、企业家和各方面的人才，也填补了本土很多资源的不足。综观珠三角的发展历程，外来人员所做的贡献是巨大的，帮助珠三角形成世界级的城市群他们还将发挥更大的作用。

第五，足够的资金流入。珠三角是我国著名的侨乡，港澳同胞、海外侨胞最多，与海外有天然便利的人文联系。珠三角吸引的外资中，港澳和侨资占绝大部分，这对珠三角外向型经济发展起了主导作用。

（4）比较优势

一是，边界条件独特。广东珠三角面向南中国海，为珠江出口处，具有天然的港口资源。同时，香港、澳门两个特别行政区已跻身世界新兴工业化地区之列，中国香港是亚太地区的金融中心和世界贸易中心，拥有资金、技术、信息、国际市场营销网络等优势，中上游的广西和云南与东南亚国家“山脉同缘，江河同源”，拥有我国通往东南亚的最重要的战略通道，区位优势不言而喻。同时，珠三角也是我国最大的侨乡之一，在港澳台和海外拥有侨胞1000多万人，分布在世界120多个国家和地区，在珠三角经济的发展过程中，侨胞在资金、技术、人才等多方面都已作出很大的贡献。

二是，制度竞争力最高。广东省1994年曾确立了珠江三角洲经济区还应把中国澳门、中国香港计算在内。无疑，这里是中国市场化和国际化程度最高的经济圈。珠江三角洲地区城市化的发展，首先得益于接近中国香港，中国香港是其主要的投资来源，约占总投资额的75%。十一届三中全会后，广东步入改革开放之“先河”，设特区市，撤县设市，均走在全国前列，一批批新城市拔地而起，东莞就是典型的例子，特区经济即得到迅速发展。20世纪90年代，邓小平同志“南行讲话”更推动了广东、珠三角的深层次发展，特区经济一时傲视全国，特区成为我国对外开放的窗口，外贸出口远远高于其他地区。1997年香港回归，“一国两制”的制度，从深层次上推动了珠三角的城市化进程。伴随着世界经济结构的大调整和产业的大转移，21世纪初，珠江三角洲更成为世界IT产业的生产基地。

三是，开放程度高，外向型特征明显。这里是改革开放的前沿阵地，改革开放以来，珠三角地区凭借毗邻港、澳，靠近东南亚的地缘优势和华侨之乡的人缘优势，以“三来一补”、“大进大出”的加工贸易起步，大量吸引境外投资，迅速成为我国经济国际化或外向化程度最高的地区，经济外向程度大大高于其他两个经济圈。[39]

3）京津冀城市群

京津冀地区拥有北京、天津两个直辖市，直接受惠于国家倾斜性政策，该地区的发展主要依赖于工业，利用其比较优势，尤其是国有大型工业企业，从而在全国经济发展中占有一席之地。近年来，随着京津冀区域经济的快速发展和天津被确定为北方的经济中心，以及它的特殊地理位置（处于环渤海地区和东北亚的核心重要区域），越来越引起中国乃至整个世界的瞩目。

（1）概况

京津冀两市一省，地理位置紧邻，包括北京市、天津市以及河北省的8个地级市（秦皇岛、唐山、廊坊、保定、石家庄、沧州、张家口、承德），涉及河北省8个设区市的80多个县（市）。河北省环抱京津，是京津地区的腹地。

从行政区划看，天津曾为河北省会，自然与河北的联系紧密，而京津周边的十几个县，也是五六十年代由河北划出。从历史上看，河北保定为传统的京畿重地，也是历史上重要的军事和政治中心，而承德，又是清朝皇帝的夏宫，实际上也是清朝的一个政治中心。天津是北京的出海口，又是北方最重要的港口，同时在历史上又是北京的门户。从人文看，该地区的文化习惯相近，百姓联系紧密。从自然资源看，该地区地势平坦、资源丰富，具有非常优越的自然禀赋。目前，该区域的区位优势主要表现在以下几个方面。一是有中国北方最大的产业密集区。二是综合科技实力全国第一。三是中国重要的交通通信枢纽地带，是沟通欧洲和亚太地区的主要交通通道。四是集中了全国最重要的大中型企业，基础工业实力雄厚，发展潜力巨大。五是极富吸引力的旅游热点地区。六是发展包括日、韩、俄在内的东北跨国区域合作与产业分工的最佳地区，是投资环境良好的国际协作区。

（2）发展模式

京津冀城市群总体结构采用“点－轴”发展模式；京津冀城市群未来发展从“2+8+4”模式入手。京津冀城市群“点”的发展即以核心城市和次中心城市等为主要“节点”，统筹发展；“轴”的发展就是城市群内外主要交通走廊和产业带的发展。“点”的具体发展构想是采用“2+8+4”模式，推进城市群“节点”城市发展，即推动两个核心城市、八个次中心城市及滨海新区、通州、顺义、唐山曹妃甸等新兴城市的发展；“轴”的发展构想是以京津冀城市群各城市之间的主要交通线以及沿交通线分布的产业带和城市密集带构成的。“轴”的发展将以中关村科技园和滨海新区等高新技术产业为依托，以快速综合交通走廊为纽带，促进通州、廊坊、滨海新区城市群主轴的发展；以滨海临港重化工产业发展带和渤海西岸五大港口为发展核心，促进秦皇岛市、唐山市、天津市、沧州市沿海地区城市发展带来的快速发展。

（3）主要问题

京津冀城市群发展中存在的主要问题有两方面。一是京津冀城市群经济发展整体水平有待提高。京津冀城市群的经济总量比较大，但反映区域经济发展水平的人均地区生产总值远低于长三角和珠三角；二是核心城市对区域发展的带动作用不明显。京津冀两大核心城市并存，低等级城镇数量过多，中等城市偏少。其中北京市的城市功能、技术和产业已开始向周边地区扩散；天津由于作为北方经济中心的发展和滨海新区的开发建设，在一定时期内极化作用正在增强；河北8市等次中心城市（指河北省的石家庄、唐山、保定、秦皇岛、廊坊、沧州、承德、张家口八个地方）经济实力不强，与京津两市的发展水平差距显著，接受核心经济辐射能力有限，使城市群边缘地区很难分享中心城市的发展成果。

（4）比较优势

曾有专家说，在中国，没有任何一个地区有京津冀地带这样优越的城市发展平台，无论是珠江三角洲还是长江三角洲，它们的政策、资源、人才科研优势在相当长的时间内都无法与京津冀比肩。

一是，人才、科研优势突出。京津冀区域综合科技实力全国第一，高新技术产业发展潜力极大，该地区是全国知识最密集的区域，人才优势明显，能提供经济发展所需的各类高级人才和各类专业人才。此外，北京凭借国家首都的优势，每年都能吸引全国大量优秀的人才，北京高新技术开发区的中关村更是汇集了全国大批的IT精英。科研、人才优势决定了京津冀无论在科技投入与产出或是科技应用与开发等方面都居全国之冠。

二是，政策资源优势明显。如果长三角、珠三角大都市经济圈的形成与发展得益于工商业的发展、先行对外开放所导致的外资进入及自主型城市化，那么，京津冀大都市圈的形成与发展则得益于现有体制下全国资源向都城的集中，中关村、奥运村的出现均以首都特有的政治文化为背景。北京是我国的首都，是全国政治、经济、文化、传媒的中心，它自身带有的政治资源优势是其他两个都市圈所没有的。同时，北京是中国工业基础雄厚、门类多、配套能力强的现代化基地之一，区内国有大中型企业集中，国有经济份额占到53.5%，可以说，经济的一半掌握在政府手中，许多关乎国计民生的机构、企业、外国办事处均在此设立。

三是，自然资源丰富。京津冀地区长期以来就是我国原材料及重型制造业的一个基地。区位资源丰富，现代化工业发展所需的能源、黑色金属、有色金属、化工原料、建筑材料等矿产资源云集。例如：唐山是能源、原材料中心；秦皇岛也是我国重要的能源、原材料基地，是“北煤南运”的海上通道的出海口，并且位于区内的渤海有丰富的海洋资源，渔业发达，被誉为“天然鱼池”，自然资源充足。

4）长株潭城市群

长株潭城市群动议颇早。早在20世纪50年代，曾有专家提出合并三市为“毛泽东城”的构想，20世纪80年代初长株潭经济区由构想开始转入理论探索。1997年，湖南成立长株潭经济一体化发展省级协调机构，开始推进长株潭三市一体化。2006年，湖南省对长株潭城市群扩容，首次提出以长株潭为中心，一个半小时车程为半径、囊括环长株潭的另外5个城市，形成目前的“3+5”格局。2006年11月，湖南省第九次党代会上，时任省委书记张春贤在报告中提出了“3+5”城市群战略，即以长沙、株洲、湘潭三市为中心，1.5小时通勤为半径，包括岳阳、常德、益阳、娄底、衡阳5个省辖市在内的城市集聚区。在原“交通同环、电力同网、金融同城、信息同享、环境同治”的基础上形成“新五同”：交通同网、能源同体、信息同享、生态同建、环境同治。

2007年12月14日，国家批准长株潭城市群成为“全国资源节约型和环境友好型社会建设综合配套改革试验区”，一轮新的发展空间由此打开。2009年，长株潭三市长途区号统一为0731，成为全国唯一统一区号的城市群，并开始制度的顶层设计，长株潭城际铁路动工，举行8市规划局长联席会议。

此后，体制机制不断创新。2011年，8市携手冲破昔日的行政条块束缚，宣布联合启动湘江流域重金属污染综合治理。“十二五”期间长株潭城市群建设中，着力推进“两型社会”，成为中部崛起的重要增长极。2012年7月，正式亮相的《湖南省推进新型城镇化实施纲要（2012—2020）》（征求意见稿）描绘了未来新型城镇化的蓝图。纲要提出构建以长株潭城市群为核心的新型城镇体系。到2015年，长株潭城市群城镇化率达到70%，长株潭将作为一个“超级城市”的形态出现，进而带动全省城市化进程。

关于长株潭城市群的产业发展。在实际传统产业基础方面，长沙以电子信息、工程机械、食品、生物制约为主，株洲以交通运输设备制造、有色冶金、化工原料及其制造为主，湘潭以黑色冶金、机电与机械制造、化纤防治、化学原料及精细化工为主，其规模和比重在各自城市基础工业方面均为主导部分。针对未来的发展方向，长沙提出“重点加快天心生态新城建设，推动一体化进程在地理空间上的实质性进展”、“以高新技术产业为主导，制造业和服务业为主体”；株洲推出“东提西拓，合拢三角”和“打造轨道交通设备制造业基地，突出有色深加工、化工、陶瓷产业优势”；湘潭提出了“东扩西改”和“建设先进制造业中心、现代物流中心、生态休闲中心”。

5）武汉城市群

（1）概况

武汉城市群是指以武汉为圆心，包括黄石、鄂州、黄冈、孝感、咸宁、仙桃、天门、潜江周边8个城市所组成的城市群，其面积不到湖北省的三分之一，却集中了湖北省一半的人口、六成以上的GDP总量，不仅是湖北经济发展的核心区域，也是中部崛起的重要战略支点。城市群的建设，设计工业、交通、教育、金融、旅游等诸多领域。武汉为城市群中心城市，黄石为城市群副中心城市。2007年12月，国务院正式批准武汉城市群为“全国资源节约型和环境友好型社会建设综合配套改革试验区”。由此，工商、人事、教育等部门承诺在市场准入、人才流动、子女入学、居民就业等方面，建立一体化的政策框架，提高城市群的整体竞争力。洪湖市、京山县、广水市、监利县作为观察员先后加入武汉城市群，四县市将比照城市群成员单位享受相关政策待遇，参与城市群有关协作互动等活动。

（2）政策与市场

中心城市优先发展战略促进中心区域集约发展。湖北省各类生产要素资源有限，要促进武汉城市群乃至湖北经济的发展，较适合采取不平衡发展战略。通过配置规模较大、增长迅速，且具有较大地区乘数作用的区域增长极，实行重点集约发展，来带动整个城市群和全省工业的发展。武汉市作为武汉城市群的中心城市，具有较高的首位度，其支柱行业也具有一定的区位优势，符合中心城市集约发展的良好条件。从历史条件看，由于历史发展的结果，武汉市在基础设施、劳动力素质、社会文化环境等方面具有相当的优势，有利于增长极的形成。从资源条件看，武汉市在能源、原材料等方面的区位优势明显，具备作为增长极的支撑环境。

（3）产业集群

优势产业群代表着区域经济特色，是区域经济增长的动力和核心竞争力。优化区域工业结构，可以化比较优势为竞争优势和发展优势。武汉城市群优势产业群必须根据其产业基础、发展前景以及竞争力水平来确定。武汉城市群重点建设六大产业群。①机械制造。以汽车制造为主体的交通运输设备制造业是武汉城市群工业的主导行业，也是现代机械制造业中加工度高、产业链长、带动作用大的行业。②优势能源。武汉城市群具有明显的能源和原材料优势，该区域内冶金、电力、石化、建材等行业是城市群工业的支柱行业群，在城市群工业的稳定增长和健康发展中发挥着核心作用。③高新产业。武汉市大专院校密集，知识、技术和人才储备优势明显，具有发展高新技术行业的关键性和基础性条件。武汉市高新技术行业起步较早，光纤、光电子设备、通信设备、计算机、医药等制造行业在全国具有一定优势。④农产品加工。20 世纪 80 年代，农产品加工业曾经是湖北省五大支柱行业之一，虽然经历近二十多年的市场经济竞争，该省农产品加工业已优势不在，但是其发展条件和基础依然雄厚。随着经济的快速发展以及资源优势和市场条件的改善，该省农产品加工业开始显现出发展潜力。因此，要紧扣农产品加工业发展的契机，以民营企业和外商投资企业作为载体，促进农产品加工业的再次复兴。⑤轻纺产业群。近年来，武汉城市群工业中纺织业已成为区域工业的主导行业之一。随着国际市场的进一步开放和国内市场扩大，轻纺业已迎来一个新的发展机遇，需充分利用资源优势和劳动力优势，嫁接以新技术和新工艺，在新高起点上振兴轻纺业。⑥环保产业群。随着科学发展观的贯彻和深入，社会经济发展必然进入一个更新的、更高的阶段和层级，而这一过程给环保产业的发展拓开了广阔的前景。

（4）推进经济融合

在构建武汉城市群的战略视野上应具备开放性和远瞻性，可从三个层面逐步扩展武汉城市群工业与域外经济的融合面。

一是，省内融合。建立和形成以武汉为中心，以襄樊和宜昌为副中心，以及黄石、十堰、荆州等六个大城市为支撑，以县域经济为基础，竞相发展、互相促进的区域经济格局。把襄樊建成重要的汽车生产基地和优质农产品生产加工基地，把宜昌建成世界水电旅游名城和中国最大磷化工生产基地，使两市分别成为秦巴经济走廊和辐射鄂西南、连接渝东地区的中心城市。支持荆州加快发展轻纺和汽车零部件产业，荆门壮大延伸石化产业链，十堰建成中国重要的商用车生产基地，随州加快发展专用车及汽车零部件和高新技术产业。

二是，国内融合。首先是与中部融合，中部正在出现一批具有竞争力的城市群，与中部城市群融合发展，形成一个更大的经济圈，不仅可以拓展武汉城市群的发展空间，更能提升中部地区的发展水平。其次是参与国内经济竞争，在构建武汉城市群的战略视野上，应该眼睛向东和向南，承接来自长三角、珠三角的经济辐射和产业梯度转移。

三是，国际融合。在经济全球化和一体化的时代，积极参与世界经济的分工协作，是提高武汉城市群工业品位，实现高起点跨越式发展的有效方式。

5.2 城市群空间结构及其优化理论

5.2.1 城市群空间结构及其优化的概念

（1）城市群空间结构的概念

城市群空间结构是指各种物质要素（或各城镇）集聚与配置空间表现，是各种物质要素在区域空间中相互位置、相互关联及相互作用等所形成的空间组织关系和分布格局。城市群空间结构的特征主要表现为系统性、区域差异性和动态稳定性。其中系统性是指城市群空间结构要素之间存在着稳定的联系，这种关系具有整体性、相关性等特性。其中整体性特征是指区域内各个城镇不是杂乱无章地分布，而是长期劳动分工合作在地域上的反映，是一个相互联系、相互依赖的集合体；相关性突出表现在各个城镇在产业功能互补与分工上。一个成熟的城市群虽然是由多个城镇共同组成的城镇密集区，但不是各个城镇功能的简单叠加，事实上是各个节点城镇之间存在明确的职能分工。每个城镇根据自身产业基础和特色，承担不同职能，在优势互补与分工合作的基础上，共同发挥整体优势，带动整个城市群发展；区域差异性指不同经济发展水平地区（发达与不发达地区），不同类型地区（如城镇和乡村），其空间结构具有明显的区域个性或景观特性。不同城市群空间，其空间结构状态、水平、效益和功能等方面也存在着显著的差异性。优化城市群空间结构，不能照搬成功区域发展模式，而要认真分析本区域的实际情况，以形成符合本区域发展要求的思路与措施；动态稳定性一方面指在城镇群体空间结构系统的发展运行中，要素是活动的，而结构是相对稳定的，一个城市群空间结构一旦形成，趋向于保持某一稳定性状态。城镇群体空间结构的稳定性另一方面又是一种动态稳定性，由于空间结构本身是一个非平衡结构，其规模结构、空间布局总处于不断变化的过程中，经过发展演进，如中心城市可能退到次中心位置，非中心城市可能演进为中心城市。

当前，以信息技术为先导的新技术革命和经济全球化进程日益改变着社会经济运行的基础，世界经济正朝区域化、集团化方向发展。与之相应，经济活动的空间组织形态总体趋向于城市与区域的一体化。在这一过程中，作为 20 世纪中叶以来发达国家城市化重要趋势之一的城市群已成为令人瞩目的现象。城市群即是一定区域内空间要素的特定组合形态，是由一个或数个中心城市和一定数量的城镇节点、交通道路及网络、经济腹地组成的地域单元。它在结构状况（产业结构、组织结构、空间布局、专业化程度）、区位条件、基础设施要素的空间集聚方面比其他区域具有更大的优势，能够通过中心城市形成区域经济活动的自组织功能。

因此，城市群是区域经济活动空间结构的一种重要形态。即城市化和城市发展不再表现为城市数量的迅速增加和大城市的个体膨胀，而是围绕城市结构的完善和质量的提高，由一批不同等级规模的城市（镇）在一定地域范围内，依托交通与通信网络密集分布，配套组合，形成相互依存、相互制约、共同发展的统一体。城市群体化发展是新竞争格局下区域参与全球及全国市场分工的必然结果。各城市在一个结构框架下组织生产力布局，统一组织市场动作体系，各市优势互补，构造城市群的整体优势，是区域经济演进的必然趋向。

（2）城市群空间结构优化的概念

城市群空间结构优化是指对城市群空间结构特点和变化趋势认识的基础上，顺应社会、经济发展的时代要求和可持续发展的要求，有意识地、有目的地对城市群空间结构的演化进行干预和引导，促进空间结构重新整合和要素优化，以实现整体效益达到最优的理想目标。城市群空间结构优化的本质决定应该使空间结构整合合理化和空间结构秩序化。

空间结构整合是城市群空间结构优化的重点内容。合理的城市群空间结构整合对生产要素的流动和集聚发挥积极引导作用，对区域性基础设施建设发挥指导作用，对城乡空间结构调整和统筹发展发挥主要作用，促使空间结构状态实现最优，从而引导区域健康协调发展。

空间结构秩序化是城市群区域一体化的客观需要。城市群区域一体化的重要标志是区域资源共享、基础设施共享、信息共享等，要实现城市群经济发展的各种要素的空间共享，必然要求空间结构秩序化。从某种意义上讲，城市群区域一体化是一种城市间合作制度安排，推动城市群经济共同增长是城市群一体化的动力，而手段是合作制度的构建。因此，空间结构高度秩序化主要包括两个方面：第一，合理的产业、基础设施、生态环境的整合和建设。第二，良好的协调制度的构建。

5.2.2 城市群空间结构及其优化的理论基础

1）城市群空间结构基础理论

（1）城市空间结构理论

单一城市的空间结构是形成城市群空间结构的起点和基础，尤其是在区域城市首位度高的情况下，区域内第一大城市的空间结构对城市群空间结构有着很大的影响。从20世纪初开始，国外学者关于对单一城市空间结构的研究，主要形成了传统城市空间结构理论与现代城市空间结构理论。传统城市空间结构理论以人口与地域空间的互动关系为研究的出发点，探讨城市发展的动态过程，其对城市结构的解释，来自城市内部空间结构呈现的规则形式和土地使用的变化，并由此构建了传统的城市结构三大古典理论，包括伯吉斯的同心圆模式、霍伊特的扇形模式、哈里斯和乌尔曼的多核心模式。

随着城市与区域经济的迅速发展，城市与近郊区、外围区域的界限逐渐消失，传统的城市空间结构理论无法精确地阐述城市区域逐渐扩张的空间结构形式。因此，国外学者开始了新的探索，对城市核心区——城市边缘区——城市影响区的空间结构特征及其形成机制进行研究，形成了现代城市空间结构理论。现代城市空间结构模式主要有迪肯森的三地带模式、塔弗的理想城市模式、麦吉的殖民化城市模式、洛斯乌姆的区域城市结构模式、穆勒的大都市结构模式。

在工业化前期，城市集聚作用大于扩散作用，以中心城市集聚发展为主，区域城镇空间体系必然体现为相互独立的集聚分布形态。工业化后期，由于城市主导产业以及产业活动的生产组织根本性的改变，加之交通、通信技术的发展，由集聚向分散发展转变，必然对经济的地域组织和城市外部空间形态朝着城市区域化方向演变，经济发达的高度城市化区域内，出现跨越不同行政区域的纵横交错的网络化的区域城市空间形态演变趋势。现代城市空间结构理论正是反映了中心城市及其外围腹地之间的相互关系，解释了中心城市向区域化演变的趋势，它为城市群如何有效组织区域内城市分工合作提供了理论基础。

（2）增长极理论

法国经济学家佩鲁在《增长极概念的解释》（1955）一文中正式提出“增长极”概念。他指出，经济空间增长是不平衡的，存在极化趋势；受力场的经济空间中存在着一定数目的中心或“极”，并产生类似“磁极”作用的各种离心力和向心力，每一个中心的吸引力与排斥力都产生相互交织的具有一定范围的“场”。佩鲁正式在这种受立场中心确定了增长极，增长极对其他经济单元存在支配效应。佩鲁定义的增长极概念并不具有地理空间的涵义，只是一个纯经济概念。尽管佩鲁也使用“经济空间”的概念，但他把“经济空间”定义为“存在于经济元素之间的结构关系”，与一般意义上的“地理空间”不同。

在佩鲁研究的基础上，法国经济学家布德维尔（1966）将“经济空间”的概念进一步拓展到具体的“地理空间”之中，形成具有空间含义的增长极理论，从而提出了“区域增长极”的概念。他认为，从地理区位视角分析，增长必然是不平衡的，不会同时出现在每一个地区，而是以不同的强度出现在一些增长点或增长极上，然后通过各种方式向外扩散，最终促进整个区域的经济增长。

瑞典经济学家缪尔达尔在关于区域经济发展的论述中，认为发达地区或增长极会产生两种效应：极化效应和扩散效应。其中极化效应是指增长极的推进型产业吸引或推动周边区域要素和经济活动不断趋向增长极，从而促进增长极的发展；扩散效应是指增长极向周边区域进行经济活动和要素输出，从而促进和推动周边区域的经济发展。

随着全球经济一体化程度的加快，以特大城市和大城市为主体的世界城市或区域中心城市，已经成为全球经济增长的主要增长极。城市之间的竞争不再仅仅表现为单个城市间的竞争，而是以核心城市为中心的城市群或城市圈之间的竞争。增长极理论强调点的开发，把有限的资源投入区域中心城市，使资金、技术、人才等要素流向区域中心城市集聚，使之成为区域经济的增长极，以获取最大的经济效益。该理论强调通过发展增长极来促进整个城市群区域经济发展，已先后在美国、日本、英国等国家的城市群规划中得到了应用。根据该理论，城市群增长极形成主要有三种途径：一是通过市场机制的作用，引导企业在某些地区集聚发展；二是由政府实施经济计划，组织重点投资，但必须以不抑制市场机制为前提；三是根据区域经济发展特色，扶持本区域经济发展的主导产业和支柱产业，通过生产力的合理布局和区域经济资源的合理配置，实现人才集聚、产业集聚、资金集聚、信息集聚和技术集聚的城市发展战略目标，最终促使城市群落与区域增长极的形成。

（3）“点－轴”理论

我国地理学者陆大道在研究工业区位因素和工业交通布局规律的基础上，根据区位论、中心地理论、空间扩散理论、增长极理论的基本原理，于1984年首次提出“点－轴”开发理论。随后他在《区域发展及其空间结构》（1995）及若干论文中，解释了“点－轴”空间结构的形成过程、“发展轴”的类型与结构、“点－轴渐进式扩散”、“点－轴－集聚区”等。这种模式开发的关键是重点发展点与重点开发轴的选择。其中“点”是指中心城市与各级居民点，集聚着大量人口与各种社会经济职能，作为区域内重点发展的对象；“轴”指由交通干线、通信干线和能源通道等组成的基础设施束，对周边区域具有较强的经济吸引力和凝聚力，而轴线上集中的社会经济设施通过物质流和信息流促进周边区域的发展。因此“点－轴”开发与基础设施的建设密切相关。将联系中心城市的交通、通信、供电、供水，各种管道等主要工程性基础设施的建设适当集中成轴，形成发展轴，沿着这些发展线布置若干个重点建设的工业区或城市，通过“以线串点、以点带面”的开发战略，能很好地引导和影响区域的发展。

根据“点－轴”理论，在区域工业发展程度较低、区域经济布局框架还没有形成的情况下，可采取“点－轴”开发模式来组织区域总体布局的框架。“点－轴”开发是一种地带开发，它能促进区域经济发展和布局展开，作用要大于单纯的增长极开发。在“点－轴”开发中，当在一个区域密集着众多重点发展点与开发轴时，依托现代交通和信息的迅速发展，各点的连接将进一步加强，各个点互相沟通，形成了互通的交通和信息网络，从而形成了点轴密集的群，即点轴群开发带动区域的发展。目前，我国大多数区域开发采用的就是“点－轴”开发模式，如长江上游经济带、沿江的“点－轴”开发模式为重点区域。

“点－轴”理论的核心是：社会经济客体大多在点上集聚，通过基础设施连成一个有机的空间结构体系。城市群空间组织的核心就是培育各级中心，加强各等级中心之间的交通、信息、能源等基础设施建设，形成点轴发展格局，最终向网络化发展格局演变。

（4）都市圈理论

都市圈的概念最早可以追溯到英国城市规划学者格迪斯提出的“集合城市”的概念，即一个拥有卫星城市的大都市。日本学者木内信藏认为大城市空间地域是个圈层结构，从内到外依次为中央带（建成区）、郊外带（市郊区）和大都市圈（城市影响区）三部分。

美国经济学家弗里德曼提出了著名的“核心 - 边缘”理论，他认为任何区域空间系统都有由若干个核心区域和边缘区域空间子系统组成。其中核心区域是指城市或城市集聚区，该区域工业发达、技术水平较高、资本集中、人口密集、经济增长速度快；而边缘区域是指核心区周围的腹地，经济较为落后的区域，与核心区域相互依存，其发展方向主要取决于核心区域。他指出区域发展是通过一个不连续、但逐步积累的创新过程来实现的：区域发展起步于少数核心地区，创新由核心地区向边缘地区进行扩散；此外核心区域还通过生产效应、优势效应、信息效应、联动效应等巩固其支配地位。该理论在佩鲁的增长极理论上拓宽了视角，把增长极模式与各种空间系统发展相结合，同时融合社会、文化、政治以及环境等各种要素到经济发展中，符合现代区域经济发展的要求，为以城市为核心的城市圈圈域经济发展提供了坚实的理论基础。

都市圈其实质也是城市群，但它的空间形态更强调圈层式。由于受自然环境、经济状况、交通网络、人文风俗等不同因素影响，都市圈的空间布局主要有：同心圆圈层组合式（大伦敦都市圈）、指状发展式（大哥本哈根地区）、平行切线组合式（大巴黎都市圈）、放射长廊式（华盛顿都市圈）、反磁力中心组合式（东京 - 多摩新城），这几种典型空间模式。都市圈理论强调较强经济联系的城市之间的分工与合作，按与中心城市联系的紧密程度和时空距离，划分为核心圈层、紧密圈层和松散圈层。核心圈层一般指都市圈的中心城市，是都市圈经济最核心部分，工业发达、技术水平高、人口密集；紧密层一般位于核心城市外围，是核心城市的直接影响区，受核心城市的辐射，经济发展呈上升趋势，具有资源集约利用和经济持续增长的特征；松散圈层位于紧密层外围，是整个都市圈的最外围地区，与核心城市之间联系不紧密，缺乏成长机制的传递，其社会经济发展速度相对缓慢。都市圈理论在实践中表现为各圈层之间的明确分工，协调区域内城市之间的矛盾，推动都市圈发展由等级分工体系向垂直分工相结合的方向发展。

（5）网络开发理论

进入20世纪以来，我国众多学者提出网络开发理论，其核心思想是在点轴系统比较完善的经济发达地区，进一步开发就可以构造现代区域的空间结构并形成网络开发系统。网络开发系统一般具备以下三个要素：一是“节点”要素，即增长极的各类中心城镇；二是“域面”要素，即沿轴线两侧“节点”的吸引范围；三是“网络”要素，包括了资金、技术、物品、人力、信息等生产要素的流动网络和交通、通信等基础设施网络。网络开发系统可描述为现有点轴系统的发展，它能提高区域各节点间、各区域面之间，尤其是节点与域面之间生产要素交流的密度与广度，促进区域经济一体化与城乡一体化；通过网络的延伸，增强与区外其他区域经济技术网络的交流，或者将区域的经济技术优势向周围区域扩散，在更大空间范围内，将更多的生产要素进行合理的调度组合。

网络开发一般是经济较为发达的区域采取的空间组织模式。目前，我国的长江三角洲、珠江三角洲已经进入网络开发阶段。进行网络式开发，区域的产业布局要依据区域内的城镇体系与交通通信网络逐次展开，把网络的中心城市、主要城市以及重要增长中心设为高层次的区域经济增长极，把网络中的主轴线设为开发的一级轴线，布置和发展区域中的高层次产业；网络开发布局必须确定主要节点之间即中心城市、主要城市与重要增长中心之间的分工协作关系，充分发挥不同城市、不同增长中心的优势，建立和形成具有区域经济特色、内在紧密联系、能够充分发挥功能的区域产业结构体系；网络开发应该加强节点之间、节点与域面之间、域面与域面之间广泛的经济技术联系和交流，促进区域经济一体化和城乡一体化；网络开发也应该注重区域网络的向外延伸，加强区域网络对区域外的经济联系，促进不同区域共同发展的实现。

2）城市群空间结构演化理论

（1）空间结构演化的阶段理论

国外学者对城市群空间结构演化的研究起步较早。耶兹（1989）提出城市群发展划为五个阶段：重商主义城市时期、传统工业城市时期、大城市时期、郊区化成长时期和银河状大城市时期。比尔·斯科特将城市群空间结构的演化划分为三个阶段：单中心（中心城市为主导的阶段）、多中心（中心城市和郊区相互竞争阶段）和网络化阶段（复杂的相互依赖和相互竞争关系）；英国学者弗里德曼（1964）把社会经济发展阶段与空间组织变化建立起对应关系，将城市群空间结构演化划分为四阶模式：前工业化阶段（没有系统独立地方中心）、工业化初期阶段（一个简单强大的中心和发展滞缓的广大外围地区）、工业化成熟阶段（一个单一的全国中心和强大的外围次中心）、后工业化阶段（一个功能上互相依赖的城市体系系统）。

20 世纪以来，国内一些专家学者开始对城市群空间结构演化阶段也进行了大量研究。张京祥（2000）将城市群空间的形成和扩展划分为多中心孤立城镇膨胀阶段、城市空间定向蔓生阶段、城市间的向心与离心扩展阶段以及城市连绵区内的复合式扩展阶段四个阶段；官卫华、姚士谋（2003）将城市群的发展阶段演化分为：城市区域阶段、城市群阶段、城市群组阶段和大都市带阶段四个阶段；朱英明（2004）则认为，城市群地域结构演化可划分为分散发展的单核心城市阶段、城市组团阶段、城市组群扩展阶段以及城市群形成阶段四个阶段。

尽管国内外学者对城市群空间结构演化阶段的划分存在一定的差异，但却包含着一些共同点：城市群的发展必然是由低级到高级的逐步演进过程；空间结构经历由单中心向多中心演化，由不均衡结构向均衡结构演化的过程；城市群内部城市之间的关系由松散的关联发展到紧密的联系；城市群内部城镇之间的分工合作由不成熟逐渐走向成熟，最终形成合理的劳动地域分工体系。

城市群空间结构发展具有阶段性，其演化具有阶段性与特定的规律性。在总结国内外学者对城市群空间结构演化阶段的基础上，可将城市群空间结构演化划分为四个阶段：低水平均衡——城市孤立发展阶段、集聚——单中心城市群阶段、集聚与扩散并存——城市群组阶段、高水平均衡——城市群网络化阶段。

目前城市群的空间结构普遍超越了极核状发展的阶段，处于“点 - 轴”阶段，已经形成核心城市功能区域化、城市间联系不断加强的发展态势。城市群空间结构演化一般思路是以交通和城镇空间布局分布的现状格局为依据，确定区域重点发展的点轴；根据不同区域的资源优势以及现有的产业基础等确定不同区域的经济功能。城市群空间结构优化研究应该在研究城市群空间结构现状阶段升化，在新背景和新格局的引导下，对原有区域空间结构进行重组和控制，使其加快向网络化阶段迈进，是一个“破旧立新”的过程，而不是对现有空间和发展格局的迁就。

（2）结构调整理论

均衡与非均衡是贯穿于区域经济发展过程中的矛盾统一体，彼此相互交替，不断地推动区域空间结构从低层次向高层次演化，从不均衡结构向均衡结构演化。对城市群发展具有指导意义的结构调整理论主要有区域均衡发展理论与区域非均衡发展理论。

区域均衡发展理论主要认为经济是有比例相互制约和支持发展的。新古典区域均衡发展理论是区域均衡理论的代表之一，是建立在自动平衡倾向的新古典假设基础的。因为根据该理论，市场机制是一只“看不见的手”，人们普遍坚信，只要在完全竞争条件下，价格机制和竞争机制会促使社会资源的最优配置。该理论认为，区域经济增长取决于资本、劳动力和技术 3 个要素的投入状况，而各个要素的报酬取决于其边际生产力。在自由市场竞争机制下，生产要素为实现其最高边际报酬率而流动。在市场经济条件下，资本、劳动力与技术等生产要素的自由流动，将导致区域发展的均衡。因此，尽管各区域存在着要素禀赋和发展程度的差异，由于劳动力总是从低工资的欠发达地区向高工资的发达地区流动，以取得更多的劳动报酬。同理，资本从高工资的发达地区向低工资的欠发达地区流动，以取得更多的资本收益。要素的自由流动，最后将导致各要素收益平均化，从而达到各地区经济平衡增长的结果。

非均衡发展理论大都认为无论经济发展处于何种水平，非均衡发展是绝对的，而平衡发展是相对的；大都强调通过有效地组织产业部门间及地理空间上的不平衡发展可促进整个区域的快速发展。地区发展不平衡是客观现象，因此非均衡发展理论基本上反映了客观现实与现代区域发展理论界的普遍共识，从而在实践上也受到区域规划工作者和决策者的普遍重视，被许多国家和地区所采纳。

当区域选择区域发展战略时受结构调整理论的影响与指导。因此，研究区域均衡发展和非均衡发展理论，对城市群发展有着重要的指导意义。第一，区域从不均衡发展走向均衡发展的过程，城市群发展也是各城市由不均衡走向均衡发展的过程，应在注重效率的前提下兼顾公平的发展。例如，在城市群发展的初期和中期阶段，非均衡的协调发展一般有利于实现经济发展目标，因此应当更多地考虑采取非均衡发展，而不是均衡发展。到了城市群发展的成熟阶段，区域经济差距的过分扩大不利于实现经济整体目标，此时应促进落后地区的经济发展，最终实现区域经济的相对均衡协调发展。第二，城市群竞争力差距大都取决于区域经济差距，而这种差异往往表现为产业结构差距，而区域经济失衡的根源在于产业结构失衡。对于如何矫正区域产业结构失衡，区域经济均衡发展理论与非均衡理论有着不同的答案。区域经济均衡发展理论认为，在区域经济发展中主张空间上均衡投资，各产业同时发展，从而达到区域经济的协调发展；区域经济非均衡发展理论认为，发达地区由于具有比落后地区更高的产业结构水平，通过集聚效应或极化效应，将进一步加大产业结构差异，使落后地区处于“低水平均衡陷阱”中。为了打破这种状态，落后地区的经济起飞应从打破落后的产业结构水平开始，否则没有产业发展的经济发展是不可想象的。第三，城市群的发展应强调新型工业化，提升产业结构素质。从根本上调整发展策略，扶持具有竞争力的优势产业，加强产业彼此分工合作，通过政府政策引导以及企业策略行为，创造竞争优势，构建城市群区域可持续的产业发展能力。其政策制定必须纳入一个包括优化产业结构、建立产业关联、加快技术创新、改善基础设施、构建区域管治体制等内容在内的多样化综合政策框架。

3）城市群空间结构优化理论

（1）全球城市区域理论

全球城市区域既不同普通意义上的城市范畴，也不同于仅仅因地域联系形成的城市群或城市辐射区，而是在全球化高度发展的前提下，以经济联系为基础，由全球城市及其腹地内经济实力较为雄厚的二级大中城市扩展联合而形成的一种独特空间现象。这些全球城市区域已经成为当代全球经济空间的重要组成部分。

全球城市区域是以全球城市（或具有全球城市功能的城市）为核心的城市区域，而不是以一般的中心城市为核心的城市区域。全球城市区域是多核心的城市扩展联合的空间结构，而非单一核心的城市区域。多个中心之间形成基于专业化的内在联系，各自承担着不同的角色，既相互合作，又相互竞争，在空间上形成了一个极具特色的城市区域。全球城市区域这一新现象的出现，并不限于发达国家的大都市及其区域发展的过程。实际上，这种发展趋势是在全球范围内发生的，包括发展中国家。

（2）区域管治理论

目前，我国城市群区域的城市由于存在“行政区经济”的藩篱，重复开发和恶性竞争等区域问题，为了加强区域城市之间彼此分工与合作，建立相应的管理体制，需要引入区域管治的理念。区域管治是一种基于地域空间资源的管治，它是将经济、社会、生态等可持续发展综合包容在内的地域整体管治概念，它涉及中央元、地区元、非政府组织元等多组织元的权力协调建构，其中政府、跨国公司、社团、个人行为对各种生产要素控制、分配及流通起着十分关键的影响。区域管治也不同于区域管理，它们在利益关系、权利主体和组织制度、治理手段、治理方式和资源分配等方面都有明显区别。国外城市群体发展地区相对成熟的区域管治制度，可以概括为以下五种模式：松散、单一组织的管治模式；统一组织的管治模式；完全单层制管治模式；双层制管治模式；多层制管治模式。

（3）新区域主义理论

20 世纪 90 年代以后，随着冷战的结束、全球化进程的加快以及欧洲再度引领的区域主义在全球范围内蓬勃发展，区域主义研究回归到国际关系理论前沿。国际关系学界将之称为新区域主义，并开始对之进行深入的经验性和理论性研究。随着区域主义研究在我国的逐渐兴起，新区域主义也进入我国国际关系学者的视野。新区域主义本质上是一种具有经验上和理论上的新内容的新现象。经验上，主要表现为综合性、区域间性、开放性、主体化和趋同化等；理论上，主要表现为体系化、社会化、综合化和秩序化等。这些核心特征将之与冷战背景下旧区域主义区分开来。

由于新区域主义视角和内容的广泛性，并且在内涵上与区域一体化、区域管治等有不少共同处，综合经济地理学角度对新区域主义的理解和认识，可以从以下几个方面把握新区域主义的主要特点。第一，新区域主义是一种适应经济全球化、区域一体化态势的区域发展思想，涉及对区域发展的战略和政策引导，区域发展目标及规划理念和方法的完善，区域协调和管治方法的改进等多方面内容和方向；第二，新区域主义强调区域作为一个整体单元在发展，重视区域内部的协调发展，鼓励区域内个体间的相互合作和联盟；第三，新区域主义关注区域发展的综合目标，包括经济增长、社会公平、环境保护之间的综合平衡；第四，新区域主义强调区域治理应该是通过建立整合的政府或专门的机构，运用和发挥行业组织、商业协会等非政府组织的力量的多种层次和多种方式的治理；第五，新区域主义鼓励各种区域政策的制定和实施，以改进区域发展的经济、社会与制度不足，提升区域的可持续发展能力。

运用新区域主义理念，在城市群空间构建与城市群发展中可以得到如下启示：

①在经济全球化背景下，区域经济发展来源于自然资源、劳动力、金融资本等物质禀赋投入的作用已日益减少，一个国家或区域的竞争力不再是主要由所拥有的物质禀赋来决定，而是取决于当地政府是否能创造一个良好的经营环境和支持性制度确保投入的要素的高效使用。除了依靠生产要素以外，国家或区域的成功发展更强调的是竞争、开放、统一、可靠的制度。构建城市群制度一体化，不仅将区域内正式规则与非正式规则趋向统一协调，更注重实施机制的统一有效；同时还包括社会各群体达成较为统一的观念，自觉遵守现行制度，充分发挥实施机制效能。有效的城市群制度在区域间经济交往中，节约成本，鼓励信赖与信任，保证城市群秩序发展，加强区域性合作，从而提升城市群在区域甚至全球竞争中的地位。

②新区域主义指出区域发展具有开放性，强调在区域内部合作时不仅局限于区域内部，更强调对外开放，发展跨区域合作，最终实现整个区域的高速发展。因此，城市群政策实施的空间范围应保持弹性的空间范围，不宜做过于刚性的界定。

③目前我国城市群的空间成员主体多为区域内各城市政府，城市之间的相互关系基本上发生在各个政府之间。而隶属于各城市的所有制的企业以及非政府组织并没有发生相互联系，仍然各自为政。新区域主义强调区域治理应该是通过建立整合的政府或专门的机构，动员社会及非政府组织的力量，进行的一种解决区域问题的过程，实现资源共享的承诺，谋求共同发展。多元化的空间成员，使各城市相互互利、相互合作，从而走向有序竞争基础上的区域合作。

④新区域主义强调区域内每个个体是一个独立的发展空间，是作为一个整体且开放的网络体系的组成部分，在这个整体的网络中，传统的规模等级结构

对区域发展的指导作用将减弱，它们之间已经不再是垂直的上下级关系，而更多体现为一种水平的相互依存关系。因此，网络型的开放的城市群空间结构相对传统的封闭性科层式空间结构具有较强的弹性和自组织能力。

（4）产业集群理论

产业集聚的相关研究可以追溯到19世纪末马歇尔关于外部经济理论的研究、1909年韦伯的工业区位理论、1934年科斯的交易费用理论以及1991年克鲁格曼的规模收益递增理论等。这些理论都是从不同的角度对产业集聚的形成、特征和内在机理进行了探讨和研究。而产业集群的概念是由美国学者波特（Michael Porter，1990）在《国家竞争优势》中首次提出。他提出的竞争力理论的核心概念是钻石体系和产业集群，并且用“钻石体系”对“产业集群”给予新的解释。他把要素、需求、相关与支持行业及企业战略、组织结构与竞争称为四大要素，企业、行业乃至产业只有在四大要素间互动的“竞争钻石”中，才能获得竞争优势，形成独特竞争力。一个国家的钻石体系中，着重强调地理集中性是产业集群现象的基本特征。同一产业链内的企业高度密集地分布在一定范围的地理空间内，能共享市场、技术、信息以及专业人才等要素，企业相互竞争与合作，从而企业与企业间形成一种互动性的关联。这种互动的竞争压力有助于企业创造持续的创新动力，带来一系列的产品创新，从而加快产业升级；因此，产业集群内的企业获得规模经济和外部经济的双重效益，其自发形成的企业效益的良性运作，提升了企业集群适应外界变化的能力，使其保持持续繁荣的竞争优势。所谓“产业集群”是指一组在地理上邻近的相互联系的公司和关联的机构，它们同处或相关于一个特定的产业领域，由于具有共性和互补性而联系在一起并形成强劲、持续竞争优势。

产业集群理论是新型区域发展理论，它吸收了过去区域发展理论如梯度推移论、地域生产综合体理论的积极因素，同样强调集聚经济和区域分工在区域经济发展中的作用。在集聚经济效应方面，产业集群理论不仅强调大量紧密联系的产业以及企业的集聚，而且强调相关支撑机构在空间上的集聚，获得外部经济，并且按一定比例布局在某个拥有特定优势的区域，形成一个地区生产系统；在区域分工方面，产业集群理论强调在经济全球化和信息技术发展的背景下，不同区域在全球生产网络中所处的地位不同的，一些区域成为某种产业的创新中心，集聚了众多科研机构，掌握核心技术，把握产业发展走向，从而引领产品创新；另一些区域则成为生产与加工制造的基地，引进创新中心的技术力量。

和过去的区域发展理论相比，产业集群理论有着显著的差异。首先，产业集群理论不是单纯地争论区域均衡性与非均衡性发展，而是强调发挥区域各种资源要素的整合能力，寻找适合区域特征的发展道路。其次，产业集群理论强调技术进步和知识创新。创新来源于社会化的学习过程，集群的产业氛围可以提升劳动力要素对产业相关知识与创新的敏感度，尤其对于创新性要求高的产业，如信息技术业、生物医药业、新材料与新能源业等。最后，产业集群理论强调区域发展要素中各种资源整合的协同效应，即包括一般意义上的资本、劳动力、自然资源，同时也强调企业家资源的培育以及地方政府、行业协会和教育培训机构对产业发展的协同效应。不仅积极引进外来资本、技术、管理经验等要素，而且强调区域自身发展能力的培育，逐步整合自身资源与外界市场环境相适应，提升区域竞争优势。

城市群从某种程度来说就是产业集聚发展到一定阶段的产物。当产业集聚形成产业集群时，就会带动人口在一定地域范围内的集聚，从而推动城市化进程。产业集群与城市群关系密切。一方面，产业集群促进了城市群形成与发展。区域产业集群是城市群形成和发展的重要推动力。产业在最优区位集聚发展，已有产业基础是区域产业集聚的源泉。区域主导产业与优势产业集聚发展并逐渐壮大，产业分工与联系加强，带动相关产业的发展，形成了产业集群，城市间的联系也同时加强，从而推动了城市群的形成与发展；另一方面，城市群是产业集聚发展的重要载体。城市群为产业集聚发展提供了交通、通信等基础设施条件和市场条件，具有丰富的劳动力资源与创新环境。伴随着区域城市化水平的不断提高，不断推动二、三产业发展，从而进一步促进产业集群发展。

按照产业集群原理，形成特色的产业集群，有利于促进城市群发展，需要做到以下几个方面：在产业政策方面应突出产业集群发展的重要性，鼓励以集群方式发展创新的、具有竞争优势的特色产业集群；在产业集群培育方面应以整个城市群为整体，注重城市间的合理分工和协作，避免各个单个城市的各自为政和封闭式发展，积极组织跨区域的市场体系和产业间密切的前后联系；在城市功能定位和空间布局、基础设施、产业布局上应推进城市群一体化建设，强化产业和城镇空间、基础设施空间协同发展，打造城镇——产业带，从而优化城市群空间结构。

（5）统筹协调理论

系统理论是统筹协调理论下的重要理论之一。根据系统论创始人奥地利生物学家贝塔朗菲的观点，系统是指处于相互作用中的要素的复合体。系统理论要求把事物当作一个整体或系统来研究，并用数学模型去描述和确定系统的结构和行为。系统通常具有整体性、相关性、结构性、层次性、动态性等特征。城市群从本质上看就是一个紧密联系的地域系统，它是21世纪区域或国家参与全球劳动分工与竞争的基本地域空间单元，具有一般系统所具有的特性。从系统论的基本特征出发，构建合理的城市群空间结构，需要做到以下几个方面：第一，明确城市群发展的整体目标，加强城市群发展的整体性。从全局统筹协调和共同利益出发，使城市群内不同等级层次的城镇共同协调发展，才能发挥城市群系统的整体性，实现系统状态最佳目标；第二，对城市群空间发展的支撑平台进行优化，加强城市群城市的密切联系的相关性。城市群的每个城市都是一个子系统，任何一个子系统都不是孤立存在的，内部、外部的干扰会影响其发展，只有在相互联系、相互协作、相互耦合的状况下，城市群系统才能持续稳定发展，为此，需要对城市群空间网络化发展的支撑平台进行优化，从而减弱负面干扰；第三，应形成功能互补的、不同层级的城市群体系。城市群内城市必须建构具有功能互补、各具特色的城市体系以及多层次、纵横交错的以中心城市为核心的网络体系。城市群中的各级城市都有其独特的功能，其中核心城市是城市群发展的重点，其快速发展，能带动其他各级城市的快速发展，有利于提升城市群的竞争力；第四，认识到城市群空间结构发展阶段的动态性。研究城市群空间结构的历史、现状和发展趋势，并且认识到城市群空间结构的优化需要远近期结合，并不能一步到位。

可持续发展理论也是统筹协调理论下的另一重要理论。可持续发展定义包含两个基本要素或两个关键组成部分："需要"和对需要的"限制"。满足需求，首先是要满足贫困人民的基本需要。对需要的限制主要是指对未来环境需要的能力构成危害的限制，这种能力一旦被突破，必将危及支持地球生命的自然系统的大气、水体、土壤和生物。决定两个基本要素的关键性因素是：①收入再分配以保证不会为了短期生存需要而被迫耗尽自然资源；②降低主要是穷人对遭受自然灾害和农产品价格暴跌等损害的脆弱性；③普遍提供可持续生存的基本条件，如卫生、教育、水和新鲜空气，保护和满足社会最脆弱人群的基本需要，为全体人民，特别是为贫困人民提供发展的平等机会和选择自由。可持续发展理论蕴含着共同发展、协调发展、公平发展、高效发展、多维发展。可持续发展理论的基本特征可以简单归纳为经济可持续发展（基础）、生态（环境）可持续发展（条件）和社会可持续发展（目的）。可持续发展理论的基本原则，包括公平性原则、持续性原则和共同性原则。可持续发展的基本思想，可持续发展并不否定经济增长；以自然资源为基础，同环境承载能力相协调；以提高生活质量为目标，同社会进步相适应；承认自然环境的价值；是培育新的经济增长点的有利因素。根据这一理论，城市群空间的可持续发展核心在于一种融合能力，强调城市群空间各种要素达到平衡匹配，进一步实现经济活动、社会活动与生态环境的和谐协调。它要求冲破原有行政区划范围的局限，在中心城市与腹地之间，城市之间、城乡之间实现一体化发展；在一定的政策调控下，做到产业合理分工、资源优化配置、市场统一开放、人才互相流动；按照自然规律和经济规律的要求，正确处理好城市群规模结构以及城市群空间布局的关系，合理配置生产力，有效利用各种资源，在各项经济活动中取得比较好的经济效益、社会效益和生态效益，从而使城市群经济、社会、生态环境协调发展。[40]

5.3　城市群低碳发展空间布局路径

5.3.1　系统创新

城市群系统创新的空间布局主要是指城市群创新要素与环境的互动，创新资源要素之间的空间节点及其布局关系的路径选择等。城市群低碳创新节点及其布局关系是指低碳技术创新和知识创新资源密集的空间区域，包括创新主体、创新环境、创新机制等。低碳创新主体主要包括绿色制造企业、生产性服务业、高校院所等，以企业为主体发挥市场机制在低碳创新资源配置中的基础性作用，以政府为主导构建良好的低碳创新政策环境和文化氛围，创新主体要素因互动而结网，创新环境要素因兼容而和谐，两者因嵌入而共生，共同推动区域创新体系的健康成长。创新主体、创新环境、创新机制三者的空间互动与布局，形成区域低碳创新系统的内在空间关系。具体而言，主要表现在微观的产业技术或者企业层面，宏观层面的区域和跨区域层面。

（1）产业层面的低碳技术创新空间联系

在产业层面，应推动低碳产业链、低碳技术链等为主体的低碳技术创新关联互动的空间布局。城市群低碳创新系统应加强开发推广高效节能技术装备及产品，加快资源循环利用的关键共性技术研发和产业化示范，提高资源综合利用水平和再制造产业化水平，促进低碳技术创新的空间联系。围绕低碳技术创新的空间布局，在产业空间发展方向上，主导产业与配套产业在空间层面互补与协调，周边城市和外围城镇根据地方创新资源、创新产业、创新联系确定发展重点，发展低碳工业园，打造低碳型工业体系，实现以企业"小循环"、产业"中循环"，区域"大循环"为特色的城市群低碳经济体系和兼顾生态、社会、经济三大效益的"环境低碳模式"。城市群低碳创新系统空间布局中应发挥中心城市在低碳创新方面的乘数效应，集聚效应和扩散效应，加大节能环保、高科技、新材料等低碳技术创新。周边城市根据区域分工和自身特点，发展优势配套的低碳产业。通过低碳型产业的空间布局与资源优化，实现城市群低碳产业的空间联系与低碳创新发展。

（2）区域层面的低碳知识创新

在区域层面，推动以交通、服务、共性技术平台与基础设施等为主体的低碳知识创新关联互动的空间布局。城市群低碳创新系统构建需要实现企业与科研院所、政府等创新资源的整合，为创新系统提供高质量的中间服务和政策支持力度。一方面在区域空间层面，加强生产性服务业的集群发展，特别是低碳科技服务业的创新资源空间整合；另一方面加强政府之间协调，构建低碳科技公共服务平台和低碳创新政策支持体系，整合和引导各种低碳知识创新资源，实现低碳知识创新源泉的空间集聚。城市群加强区域层面的低碳知识创新空间布局，应加强科技基础条件建设的统一规划布局，避免低水平重复建设，创新行政区划体制弊端，实现低碳科技创新资源的空间优化配置，建立和完善城市群的低碳科技创新服务平台，发挥以城市群为中心的低碳知识创新源作用，加强城市群空间的低碳知识创新体系建设。

（3）跨区域层面的低碳文化创新与联系

在跨区域层面，推动以地缘文化、人脉关系、跨区域网络等为主体的低碳创新文化关联互动的空间布局等。城市群低碳创新系统应该是区域内外部资源的整合与空间规划，促进低碳创新能力向周边城市区域的辐射和带动，促进区域内部与外部低碳创新资源的整合及其对低碳产业的持续支撑力提升，这就需要加强跨区域层面的社会文化创新与关联。城市群可以分为产业、区域和跨区域三个低碳创新空间层次。在跨区域层次，主要是加强城市群与外部低碳创新资源的整合，如武汉城市群与长株潭城市群、中原城市群等中部城市群的联系，也包括长三角城市群、珠三角城市群等的联系，还包括与国外城市群低碳科技资源的整合与联系等。各类创新主体主要立足于低碳创新平台、低碳创新文化资源整合与空间联系，以产业链、价值链、知识链为纽带，构建跨区域的低碳创新文化网络空间布局。城市群低碳创新系统的跨区域空间布局是三层结构体系的外部资源拓展，各类创新主体通过网络互动，能够广泛搜寻外部低碳创新空间资源，通过合作与资源整合，促进跨区域的低碳技术创新与资源能源的集约化利用，促进城市群低碳发展。通过跨区域层面的低碳创新文化空间联系，构建良好的低碳创新文化网络与社会基础，促进低碳创新文化的形成，加强与外部区域低碳创新资源的文化整合，促进区域低碳创新的对外开放，到外部区域寻求销售渠道、资金和低碳产品市场等，实现城市群低碳创新系统构建。

5.3.2　区域合作

根据路径依赖理论，结合影响我国碳排放的主要因素分析，推动城市群低碳发展的合作路径主要有低碳政府合作、低碳产业合作、低碳技术合作、低碳社会建设合作以及碳汇建设合作等。

（1）低碳政府合作路径

政府合作是推动城市群低碳发展区域合作的重要环节，也是推动城市群低碳发展区域合作的重要内容，直接关系到区域其他方面合作的顺利开展。城市群战略的实施是区域政府为发展区域经济、提升区域竞争力而做出的一种空间布局选择。在城市群建设的过程中，主要有三级政府对城市群建设的影响和作用较大。一是省级政府，其不仅是城市群建设的主要发起者和推动者，也是城市群建设中发展规划等制度建设的主要制定者，是推动城市群区域政府合作的主要协调者。二是城市政府，其是城市群一体化建设的主要执行者，也是城市群一体化建设的主要推动者，是城市群建设过程中各种制度的主要提供者。因此，城市间政府是否合作直接关系到城市群建设的进程和成败。三是县级政府，其主要职能是在辖区城市政府的领导下，具体落实和执行区域一体化建设的相关事宜。因此，推动城市群低碳发展的区域合作首先要推动区域各级政府积极开展合作。没有区域政府之间的合作，区域低碳发展相对就会比较困难。推动城市群低碳发展，不仅要谋求区域发展的经济利益，还要追求低碳利益，这种区域利益的调整需要对城市群现有的以“经济发展为中心”的发展制度进行创新和修订。城市群区域之间的合作实质是一种制度合作，政府作为区域发展的主导力量，是区域制度建设的主体。地方政府间是否开展合作以及合作的紧密程度直接关系到区域低碳发展所需要的制度供给，关系到城市群低碳发展效果。因此，推动城市群低碳发展，需要发挥政府“有形之手”的力量，积极开展区域政府间的合作，及时创新城市群低碳发展的制度体系，强化低碳制度创新的“连锁效应”，并形成长期的低碳制度优势，推动城市群低碳发展。低碳政府合作要实现在区域低碳发展目标上开展合作，在区域低碳管理制度建设上开展合作，在低碳政府建设上开展合作，在区域低碳发展战略规划制定上开展合作，并在区域低碳信息共享上开展合作。

（2）低碳产业合作路径

目前，产业一体化已经成为城市群建设的主要内容，也是城市群建设和发展的重要支撑。推动城市群低碳发展，要积极创新产业一体化理念，推进区域低碳产业一体化。从我国产业发展实际情况来看，发展低碳产业的主要途径有三个：一是大力发展战略新兴产业。战略性新兴产业是指建立在重大前沿科技突破的基础上，代表着未来科技和产业发展的新方向，符合当今世界知识经济、循环经济、低碳经济发展潮流，目前尚处于成长初期，未来发展潜力巨大，对经济社会具有全局带动和重大引领作用的产业。二是积极推进传统产业低碳化。所谓传统产业低碳化，是指一个国家和地区的经济发展中，通过科技创新，推动高排放、高能耗的产业逐步向低碳排放、低能耗的产业转变并逐步取得主导地位的发展过程，主要是指传统农业低碳化和传统工业低碳化。三是大力发展现代服务业。2012 年，在世界经济结构中，第三产业占 GDP 比重为 63.6%。在发展中国家，印度的第三产业占 GDP 的 65%。而我国这一比重仅为 43.7%。这说明我国产业结构存在问题，也是推动低碳发展继续解决的问题。因此，推动城市群低碳发展，发展低碳产业将成为城市群区域产业一体化发展的新内容和新要求，将有利于满足城市群资源承载力的发展要求，有利于促进城市群经济发展方式的转变，推动城市群可持续发展。低碳产业合作的主要途径包括在发展战略性新兴产业方面开展合作，在传统农业低碳化方面开展合作，以及在传统工业低碳化方面开展合作。

（3）低碳技术合作路径

就我国城市群低碳技术而言，由于区域内人力资源和创新资源分布不均衡，而且我国的低碳技术整体水平较低，低碳技术产业化水平较低，这就放大了低碳技术的研发风险，单个城市难于拿出更多的资金投入到低碳技术的研发之中，制约了城市低碳技术自主创新的发展。在这种情况下，通过区域之间开展低碳技术研发创新合作，可以使风险共担、利益共享。结合城市群区域实际，推进区域低碳技术创新的途径有以下几种。

一是低碳技术引进合作途径。目前我国 70% 的减排核心技术需要“进口”。在这种背景下，单个城市引进国外低碳技术，不仅需要承担支付引进成本的压力，而且还要面临消化吸收再创新能力的制约。通过城市群区域合作，整合区域各城市资金和智力资源等，以城市群为整体开展低碳技术的引进消化再创新，重点引进制约城市群低碳发展所需要的关键低碳技术，引进后再进行消化吸收再创新，无疑是推动城市群低碳技术进步的一条重要途径。

二是低碳技术创新横向合作途径。该路径也可称为横向创新联盟，主要是指城市群区域同类产业同一行业的企业（生产的产品相似或相同）之间开展合作。目前，在城市群各城市之间，产业同构现象比较常见。同行业的企业生产的产品相似，生产工艺雷同，面临的产业低碳化问题也大致相同。而且每家企业都有自身的优势和劣势。在这种情况下，通过同类企业之间的横向联合，选择共性的低碳技术为联合研发创新方向，积极资源共享，实现优劣互补，相互学习，共同参与低碳技术的研发和创新，共同攻克低碳技术难题。这样，通过共性低碳技术的创新和应用，积极改进生产工艺，共同提高企业竞争力。同时可以减少技术研发的重复投资，降低研发风险和成本，进而提升竞争力。

三是低碳技术创新纵向合作途径。该模式也可称为产业链创新模式，主要是指同一产业链具有上下游供应关系的企业之间进行合作研发低碳技术。在城市群建设过程中，随着产业一体化的深入推进，上下游企业之间联系更加紧密，产品和生产技术相互影响的程度越来越大。企业之间的技术和产品具有互补性，生产协同效应较强。推进产业低碳化，需要上下游企业协同进步，从整个产业链条研究产业低碳化的技术节点和环节，通过将同产业链条的各种技术优势有机结合，共推产业所需的低碳技术创新。

四是产学研合作创新路径。这是社会中相对比较常见的一种创新模式，主要是由企业与高等院校或科研院所开展联合，企业提出研发需求和研发资金，并积极配合支持高等院校或科研院所等研发单位开展研发。目前，我国城市群一般都以省会城市为中心，而省会城市集中了区域内的科教优势资源，包括创新人才、创新机构和高等院校等。同时我国企业的研发能力相对较低，甚至多数企业没有专门的研发中心和研发人员。这种教育资源地域分布不均衡和企业创新现状制约了城市群区域外围城市的自主创新能力，外围城市中具有产学研联合创新需求的企业将不得不跨区域开展联合研发。因此，推动城市群低碳技术创新，需要区域各级政府发展政府职能，积极搭建产学研合作平台，为区域产学研合作提供各种信息咨询服务，为推进区域产学研合作研发创造条件，积极推进产学研合作。

（4）低碳社会建设合作路径

低碳社会建设是从社会层面推动低碳经济，主要包括培育区域低碳文化、重构低碳生活和低碳消费方式。而这三者的重构需要得到社会认同，这种低碳文化、低碳生活及低碳消费方式只有得到区域内广大民众的共同认可，才能成为区域社会居民共同的信念和价值取向，这种低碳文化、低碳生活和低碳消费方式才具有稳定性和持久性。而这种社会认同更需要区域合作，通过社会大众共同参与和互动过程达到认知上的一致。而城市群建设正好为区域内社会大众的互动合作提供了一个重要的平台，推动区域低碳社会建设需要城市间积极开展合作，共同推进，其主要途径有以下几个。

一是在开展低碳社区建设上开展合作。社区是生活在一定地域范围内的人们所形成的一种具有内在互动关系与文化维系力的社会生活共同体，是社会的基本单位。社区的环境直接影响着社区居民的生活方式、消费方式、进而影响社区居民的价值取向和环境意识。同时，社区也是人们居住、公共设施、交通等各种性质用地和建筑的主要载体和能源消费的主体。建设低碳社会，可以在低碳社区建设层面开展合作，将低碳发展与低碳社区建设有机结合。积极在区域社区内引入低碳设计理念，建设低碳建筑，推广使用太阳能等低碳能源，积极开展低碳社区管理，大力培育低碳社区文化，倡导低碳生活方式等，以着力推动低碳社区建设，推动社区从高能耗向低能耗、从高排放向低排放、从高污染向低污染转化，进而推动低碳社会的建设。

二是在培育区域低碳文化上开展合作。俗话说："一方水土养一方人"。就城市群区域而言，由于地域空间的相邻性，致使区域内各城市具有相似的文化传统和生活习惯。而这种文化传统和生活习惯正是区域经济社会发展的助推器。正如法国经济学家弗朗索瓦·佩鲁所说："各种文化价值在经济增长中起着根本性的作用，经济增长不过是手段而已。各种文化价值是抑制和加速增长的动机的基础，并且决定着增长作为一种目标的合理性。"因此，推动城市群低碳发展，要在培育区域低碳文化上开展合作。积极挖掘区域传统文化中的低碳和谐思想、关爱环境思想，塑造和培育区域低碳文化的精髓。积极建立区域公众参与低碳政策制定的机制，尽可能地鼓励更多的公众参与区域低碳发展的各种政策制定。通过公众参与，共同协商，集思广益，提高低碳发展政策的低碳价值理性，推动区域低碳文化和低碳理念的传播，构建有利于区域低碳发展的良好文化氛围。

三是在推进区域低碳教育上开展合作。教育是一种有组织、有计划地传授科学知识和技术的社会活动，是开化社会大众思想意识的重要方式。塑造区域低碳文化和低碳生活，更需要通过低碳教育改变社会大众的思想意识，提高其对低碳发展的认同。推动城市群低碳发展需要区域之间在低碳教育上开展合作。各个城市通过在低碳教育的内容和形式上开展合作、保持步调一致。通过把生态环境教育作为学校教育的重要内容，大规模的开展社会环境教育活动，提升区域大众的环境意识，形成低碳消费理念，重新塑造低碳生活。

（5）碳汇合作路径

增强区域碳汇能力主要从三个方面入手，一是增强碳汇面积，进而提高碳汇能力。二是提升碳汇管理质量，增强单位面积上的碳汇能力。三是开展环境治理，防止自然灾害及人为污染导致碳汇能力下降。因此，推进城市群区域碳汇合作主要途径有：

一是在增强区域碳汇面积存量上开展合作。碳汇面积存量主要是指某个时点（每年、每季或每月等）区域实际碳汇面积的保有量。在其他条件不变的情况下，碳汇面积和碳汇能力成正比。区域碳汇面积越大，区域从空气中吸收二氧化碳的能力越强，即碳汇能力越强。自20世纪以来，全球森林面积每年约减少0.2亿公顷，相当于森林从大气吸收和固定的二氧化碳每年减少48亿吨。因此，增强区域碳汇能力，增强区域碳汇面积是重要环节。推动城市群低碳发展，区域之间可以积极整合区域碳汇资源，合理制定碳汇资源发展与保护规划，积极开展区域碳汇功能分区。按照保护优先、限制开发、点状发展的原则，对于山丘、丘陵地带的森林、草原以及湿地等天然碳汇场所实施严格的区域保护，限制开发。并积极开垦野外闲置荒废的土地，积极开展植树造林、环境绿化和湿地保护工作等，增强区域碳汇面积存量，进而提升区域碳汇能力。

二是在区域碳汇资源管理上开展合作。对城市群区域碳汇资源进行科学的管理是保护碳汇能力的重要环节。碳汇资源具有公共性，在地域空间上，森林、草地和湿地等自然资源虽然可能只位于某些局部地区，但它们却是整个区域的共有资源，对整个区域空气中二氧化碳的吸收及空气质量改善都具有积极的作用。因此，就城市群区域而言，需要统一思想认识，积极制定城市群碳汇资源保护的目标，打破区域之间“各自为政”的行政分界，推动区域之间协调行动，共同努力开展碳汇资源的保护。要积极防治人为因素对碳汇资源产生的损害，如对森林资源的乱砍乱伐、草地和湿地的无序开发等。还要积极发展碳汇技术，通过运用科学育苗技术，增强区域森林植物的多样性、优化树木种类，积极开展病虫害的防治，提升单位面积上的森林和草地等碳汇资源的质量，进而增强其碳吸收能力。

三是在区域环境治理上开展合作。开展环境保护的实质就是在保护碳汇资源。因为区域各种经济活动的负外部性以及人为因素很容易对森林、湿地和草地造成污染和破坏，这是损害碳汇资源的一种常见方式。例如，森林火灾致使森林面积缩小，企业违规排污招致湿地或草地污染等。然而，环境问题无地界，环境污染的外部性已经跨越了区域的界限，开展环境治理更需要区域之间合作治理。因此，推动区域碳汇合作，积极提升碳汇能力，需要在区域环境保护方面开展合作。通过开展区域环境合作治理，建立区域一体化的环境监督巡查机制等，提高各种人为因素破坏资源的预防能力。同时加强区域碳汇功能区的产业布局管理，禁止污染企业入驻，使得区域森林、湿地和草地能够得到有效保护，进而提升其区域碳汇能力。[41]

第6章　城市低碳发展空间格局分析

6.1　城市空间结构分析

6.1.1　城市空间结构概述

（1）城市空间结构定义

城市空间结构定义，有较丰富的著述，比较有代表性的观点如下：其一，系统角度。波恩（1982）用系统理论的观点描述城市空间结构的概念。他指出，城市空间结构是以一套组织法则，连接城市形态和城市要素之间的相互作用，并将它们整合成一个城市系统。这一定义不仅指出了城市空间结构的构成要素，而且强调了各要素之间的相互作用。其二，经济角度。城市空间结构是人类经济活动作用于一定地域范围所形成的组织形式。这种空间组织形式主要包括三个方面的内容：一是以资源开发和人类经济活动场所为载体的经济地域单元为中心的空间分异与组织关系；二是空间实体构成的某种等级规模体系；三是各种空间实体之间存在的某种要素流的形式。其三，功能角度。城市空间结构是城市功能区的地理位置及其分布特征的组合关系，它是城市功能组织在空间地域上的具体体现。其四，综合角度。城市空间结构是城市各种物质要素在空间范围内的分布特征和组合关系，是城市形态和城市相互作用网络的方式，是人类活动与功能组织在城市地域上的空间投影，是城市经济、社会和环境系统的空间形式。

（2）城市空间结构的构成

就城市空间结构所处的区域背景而言，城市空间结构包括城市内部空间结构和外部空间结构两类。城市外部空间结构是将城市作为一个点，反映一定地域范围内经济要素的相对区位关系和分布形式。它是在长期经济发展过程中人类经济活动和区位选择的累积结果，又可称为区域空间结构；城市内部空间结构是将城市作为一个面，指其地域内各种要素的组合状态，即各种城市社会经济活动在城市地域上的空间反映。从城市空间结构的内在特性的规定性来看，其空间结构包括五大构成要素，即节点、梯度、通道、网络、环与面。

（3）城市空间结构的属性

城市空间结构的属性从其功能发挥的角度而言，有如下方面：第一，容器属性，即城市空间结构是各种城市人类活动的“容器”；第二，关系属性，即，城市空间结构体现城市人类活动过程和城市发展过程中的各种相互关系；第三，表征属性，即城市空间结构是社会经济活动在地理空间上的投影，是区域发展状态的“指示器”。此外，城市空间结构还具有物质属性、社会属性、生态属性以及认知与感知属性。这些属性也可以分为显性和隐性的。

（4）城市空间结构的演化规律

城市空间结构演化如果从区位选择、规模门槛、发展的均衡性、土地经济、运行机制等方面考察，可以发现可能存在着若干规律性的现象。就区位择优规律而言，地质地貌、水文、生态、地理位置等自然条件以及市场、交通、行政等社会条件对城市的地址布局和城市职能有显著影响。譬如，一般城市用地优先选择距水源近、地势平坦的平原、重要矿产地附近发展资源型城市，河岸、沿海地区发展港口重镇，交通便捷的位置易发展交通枢纽等。就规模门槛规律而言，受资源和竞争约束，城市经济、人口、空间规模的增长呈现正规模效应与负规模效应以“规模门槛”为界限交替叠加的规律。由于规模门槛的作用，城市的空间、职能及腹地等形成一定的等级和层次。关于不平衡发展规律，城市空间在区位和规模大小的发展上存在不同的时序和次序，从而呈现工业、人口、交通、能源、服务业等的集聚和分散，产生空间结构上的梯度差异。关于级差地租价值规律，城市范围内不同位置的土地地租与土地利用种类、强度之间存在不同的价值关系，每一种利用方式和利用强度都有不同坡度的地租曲线。在单位面积上投入强度大、产出量大的土地利用方式优先占据有利的空间位置。关于自组织演化规律，由于区位择优和不平衡发展，城市空间区位之间存在位势差异，促使物质流、能力流、人口流、信息流、资金流等的有序流动，这种聚散演替产生了自组织现象。在区域范围内表现为城市规模扩大和等级体系演化，在城市内部空间上表现为土地利用类型的有序演替。

6.1.2 城市空间结构生态化内涵

城市空间结构的现实和未来状态的生命力最重要的表现之一是其生态化。城市空间结构生态化具有较丰富的内涵：（1）城市空间结构的平衡性。指城市空间结构的构成元素从最基本的层面上而言包括两类，其一为自然系统，其二为人工系统。城市空间结构的生态化应使这两类系统保持平衡，从而保证人类的长久生存。麦克哈格（1992）指出："理想地讲，大城市地区最好有两种系统，一个是按照自然的演进过程保护的开放空间系统，另一个是城市发展的系统，要是这两种系统结合在一起，就可以为全体居民提供满意的开放空间。"这一论述，对城市空间结构生态化具有一定的启发意义。（2）城市空间结构的可持续性。大温哥华区制定 Cities Plus 远期规划对可持续性城市空间的定义为：可持续性的城市空间是指城市空间要素系统能够为其所有市民带来生理、心理和社会等方面的空间福利及机会。可持续性城市空间具有精神文化的意义，包含了空间公正、尊严、可达性，参与和权利保障等重要原则（Cities Plus，2003）。Evans 的定义为：生存空间与生态空间的可持续性。生存空间意味着良好的居住空间，工作地与居住地的空间距离适中，适当的收入及为实现优质生活空间质量的公共设施和服务。但生存空间必须是生态可持续性的，它不能导致环境的退化。

城市空间结构生态化集中表达了现有城市或新建城市空间结构的可持续性进程的目标，它更多侧重于对现有城市空间结构的未来生态化的探讨，通过生态理念的引入寻求解决相关城市空间结构问题的途径。城市空间结构生态化是构筑生态城市空间结构模式的一个阶段，生态城市空间结构是城市空间结构生态化基础上的进一步发展。城市空间结构生态化是解决城市问题的需要，是人们对传统城市发展模式的一种反思，是改变传统的城市空间结构发展以经济导向为主的状况、改变粗放型城市发展模式的有效途径，也是人类对理想的城市空间结构模式和理想城市的一种探求。城市空间结构生态化研究是生态学原理与城市空间结构理论相结合的产物，其最明显的特征是应用生态学原理，分析和研究城市空间的状态、效率、关系和发展趋势，为城市空间结构科学合理的发展和改善提供生态学意义的支持和理论依据。城市空间结构生态化研究是城市可持续发展研究的重要组成部分，将为传统的城市空间结构研究提供新的思路，也是走符合新的发展观的，人与自然和谐共存的城市发展道路的重要和具体的举措。

6.1.3 城市空间结构生态化原理

可从空间结构状态、空间结构效率、空间结构关系和空间结构发展四个方面认识城市空间结构生态化原理。

（1）趋适原理（空间结构状态原理）

城市空间结构趋适原理又可称“城市空间结构状态原理”，其核心内容为：城市空间结构应在其总体的状态方面呈现趋向于合理、适宜的状态。

第一，城市空间结构模式的选择与城市自然环境条件结合原理。又称“模式——环境结合原理”。指城市空间结构模式的选择与确定必须与城市的自然环境条件紧密结合。具体包括：城市空间结构模式应该与城市的地形地貌条件、地质条件、气象条件与水文条件紧密结合，规划城市空间结构模式应建立在土地利用适宜性评价和生态敏感性评价的基础上，应对规划的城市空间结构布局模式进行环境影响评价，规划的城市空间结构模式应有利于城市自然空间结构的延续等。

第二，城市空间结构的变化与城市形态的历史因素、遗传基因延续原理。又称“变化——历史/遗传基因延续原理”。生物的生长相当程度上受遗传基因的影响，当遗传基因能正常地、不受干扰地起作用，则生物就能正常、健康地生长。城市空间结构具有生长性，正因为其具有生长性，其结构类型和特征也是始终处于变化之中的。城市空间结构能否健康地成长，一定程度上取决于其是否遵循和尊重其历史因素和遗传基因。城市空间结构的“变化——历史/遗传基因延续原理”包括：①规划的城市空间结构模式特征与历史及原有模式之间应有较大的相似程度，换言之，两者之间的变异程度要小。②规划的城市经济空间结构对城市原有的经济优势应有促进作用。③规划的城市社会空间结构在维护原有的人缘、地缘特征，防止社会问题方面应起正面的作用。④规划的城市空间结构模式应有利于历史文化环境的延续。历史文化环境是城市的宝贵资源，是城市人类演化的基础条件之一，也是城市可持续发展能力的重要组成部分，城市空间结构的发展与变化应将其作为一个主要的资源之一加以保护和发扬。

第三，城市空间结构规模与自然环境容量适应原理。又称“规模——容量适应原理”。城市空间结构从数量上考察，有其规模的特征。而将城市空间结构的规模分解，则可以从人口、用地、产业和交通规模几方面考察。城市空间结构的“规模——容量适应原理”指：①城市空间结构的人口规模要与自然环境容量相协调；②城市空间结构的用地规模要与土地供应容量相协调；③城市空间结构的产业规模要与资源、能源和生态环境容量相协调；④城市空间结构的交通规模要与交通环境容量相协调。

第四，城市空间结构土地利用的生态高效性原理。城市空间结构与城市土地利用有着极密切的关系，城市空间结构模式的选择、城市空间结构状态的优劣与否，相当程度上取决于城市土地利用的状况。好的城市土地利用将对城市空间结构产生协同效应、衍生效应与增强效应。城市空间结构土地利用的生态高效原理，包括：①城市土地承载力、土地开发度和土地利用强度的关系应科学合理；②城市土地用途应有足够的多样性和土地功能的混合性；③城市土地利用应有合理的紧凑度；④城市土地利用应有合理的集约化；⑤城市土地利用应有三度空间的发展特征。

第五，城市空间结构完整性与形态合理性原理。城市空间结构作为一种有形的物体，在结构上和形态上也应具有一定的完整性与合理性。城市空间结构的完整性与形态方面的合理性可以通过：形状指数、紧凑度指数、半径维数、网格维数、伸延率、放射状指数、城市布局分散系数、城市布局紧凑度等指标来反映。

（2）通达原理（空间结构效率原理）

城市空间结构的通达性首先指城市的静态活动空间之间以及静态活动空间与动态活动空间的便捷程度，其次指城市空间结构内部、城市空间结构内部与外部联系的方便程度，最后指城市各种流的运行效率。

第一，城市干道系统连接城市各部分的合理性与效率性原理。城市干道系统是城市的骨骼，既将城市内部连成一体，又将城市内部与外部连成一体。在城市干道系统完成其功能时，应强调其合理性与效率性。而其合理性与效率性与车速、路网密度、路网结构、交通密度等密切相关。

第二，城市大型服务设施的可接近性原理。城市大型服务设施其位置的选择以及与居民之间的空间关系是否符合可接近性原理，一定程度上反映了城市空间结构的通达性水平。城市大型服务设施与城市居民的可接近性程度应以“时间距离”而不仅仅是由“空间距离”来衡量。

第三，城市内外部自然嵌块之间的连通性原理。城市空间结构构成要素可以分为自然与人工两大部分。自然要素是由山、水、绿地、农田等自然嵌块构成的，与生态环境质量息息相关。为了满足生物的生长、迁徙需求，也为了自然嵌块本身的存续以及更好地发挥作用，应最大限度地提高城市内外部自然嵌块之间的连通性。绿色网络的构建是提高城市内外部自然嵌块连通性的重要一环。此外，衡量连通性还可以从如下方面判断：①自然嵌块之间是否有生态廊道（绿带、绿楔）；②城市自然嵌块之间的连接走廊的长度、宽度及面积是否充足。

第四，城市自然环境和人工环境的空间渗透性原理。城市是由自然环境与人工环境的数量关系、位置（空间）关系所决定的。在城市自然环境与人工环境的数量关系方面，强调两者之间的空间渗透性是十分必要的。两者的空间渗透性越强，则城市空间结构的通达性也越好。城市自然环境和人工环境的空间渗透性可以由城市与郊区之间的绿楔个数、城市与郊区之间的绿楔长度与面积等来反映。

第五，城市各组团之间联系的便捷性原理。无论是核状城市、星型城市、卫星城市还是线形城市，都可以分解成居住、工业、商业、绿地、市政设施等组团。城市功能的发挥是以城市各组团之间联系的便捷与高效性为基础的。城市各组团之间联系的便捷性的好坏一定程度上反映了城市空间结构通达性水平。衡量城市各组团之间联系的便捷性程度，可以城市各组团之间道路长度，居住区与就业区的平衡，临近程度等指标来反映。

第六，城市出行系统的生态性原理。《雅典宪章》指出，城市的四大功能为：居住、工作、游憩与交通。这就非常清楚地指明了城市出行（包括工作出行与生活出行）的重要性。城市出行系统的生态性是城市空间结构生态化的重要方面之一，是指：城市出行系统除了确保出行的通达外，还要保持多样充足的出行交通方式选择，特别是非机动车和公共交通；城市出行系统不应将流动性狭隘地理解为增加车辆和提高其行驶速度，还应充分考虑步行交通网络、非机动车交通网络和公共交通体系网络，要慎重地确定各种出行方式比例，而不是片面地依赖某种单一的出行方式。

第七，城市各种流的通畅、高效原理。城市生态系统的“流”包络资源流、物质流、能源流、人口流、资金流、价值流、信息流等。各种流有其不同的特性和要求，但有一点是共同的，即各种流在流动、循环过程中都应通畅、高效、安全，这是城市空间结构通达性的重要表现和必备条件。要根据各种流在城市生态系统中的不同作用和功能，妥善规划；同时，各种流之间也应做到协调有序。

（3）共生原理（空间结构关系原理）

城市空间结构的共生性是城市空间结构要素关系生态化的体现，也是城市空间结构生命力的体现。

第一，城市空间结构构成元素的多样性原理。生物之间的共生需要一些先决条件，其中包括环境构成要素的多样性。生态系统的结构越复杂，生态系统多样性也越丰富，生态系统的生命力也就越强。城市空间结构的多样性主要是指城市空间结构的构成元素（含自然元素和人工元素）要丰富多彩，这首先是指自然元素，如农田、森林、湖泊、河流、海滨、湿地、荒野、山体、山脊线、自然保护去等都应该具备；其次是指人工元素，如路、广场、开敞空间等也应该充足。城市空间结构的自然元素与人工元素的多样性是城市空间结构实现共生的基础条件之一。

第二，城市用地结构的自然性原理。城市空间结构相当程度上是由城市用地结构来体现的。要实现城市空间结构的共生性首先要使城市用地结构具有相当的自然化程度，即必须有相当比例的“自然空间”。因为自然空间是城市生态系统中最活跃、最有生命力的组分，它能有效地调节城市的生态环境，增强城市的环境容量，并使各种生物（包括人）最大限度地发挥其潜能。根据国外报道，发达国家城市一般生态园林绿地与建成区面积之比为2∶1。香港寸土寸金，也是在1∶1；深圳市生态园林绿地用地占城市总用地的76.3%；国际卫生组织建议的最佳居住条件为人均60m^2绿地指标，这些都表明在现代程度较高的城市，自然空间受到了极大的重视。城市用地结构的自然性程度可由如下几方面体现：①城市绿地比重；②城市自然保护区用地比重；③城市山林用地比重；④城市水体用地比重；⑤建成区至开敞空间的距离等。

第三，城市人工与自然边缘区的生态高效（边缘效应）原理。城市人工与自然边缘区可能形成两种截然不同的结果。一是生态环境脆弱带，此时，城市人工与自然边缘区呈现不稳定的状态，生态环境质量下降；二是边缘效应，此时，城市人工与自然边缘区呈现出相邻两个地区更加稳定、健康的状态。生态环境质量不断朝好的方向发展。应将追求城市人工与自然边缘区的边缘效应，避免这一地带的生态环境脆弱带的出现作为处理城市人工与自然边缘区的生态关系的一个重要的目标与准则。

第四，城市人工与自然边缘区的生态稳定性原理。城市人工与自然边缘区不但要争取生态高效，还要争取生态稳定。生态稳定是包括人类在内的生物生存环境适居性的集中表现，包括：①城乡交错区自然地理地质化学环境的稳定性；②城乡交错区生态环境质量的稳定性；③城乡交错区社会运行的稳定性。

第五，城市空间结构与区域城镇体系结构的协调性原理。城市空间结构是在一定区域背景下展开的，因而其与区域城镇体系必然发生种种的生态关系。这些生态关系包括竞争关系和共生关系，前者指城市空间结构的发展与区域城镇体系结构的发展存在着各种各样的对资源、环境和土地等的竞争；后者实际上是指两者之间的协调发展。城市空间结构与区域城镇体系结构的协调性原理包括：①城市极大地依赖于其腹地（区域）的支持才能够生存；②城市发展对区域环境产生了重要的影响；③城市在发展中，如果没有很好地考虑与区域环境的协调，而是过多地从自身出发，必将导致对区域环境不利的生态后果和生态效应；④一个城市的空间结构的发展不能以区域城镇体系结构的破坏作为代价；⑤城市空间结构的拓展要注意保护区域的生态环境质量和生物多样性水平；⑥要做好城市基础设施与区域基础设施的协调，避免重复建设和浪费现象。

第六，旧城——新城建设与发展的平衡性原理。城市建设与发展有两种形式：一是完全新建的城市；二是新旧城市同时存在。一般以后者居多。这就带来新旧城市的协调共生问题。对旧城更新而言，要避免以大规模的重建计划作为旧城更新的基本手段，从而破坏旧城固有的文脉和复杂和谐的生态关系；对新城建设而言，要注意与旧城的文化、历史、生态关系的联系和继承；对旧城与新城两者关系而言，应避免两者在空间发展方向上的矛盾，避免新城建设破坏旧城的历史文化环境和原有的城市空间格局。要以生态持续性、经济持续性和社会持续性作为处理两者关系的准绳。

第七，城市人类与其他生物的共生（存）性原理。城市人类不能仅仅考虑自己的生存，还应考虑其他生物的生存，这是深绿色生态学的重要特征之一，也是提高城市生物多样性的重要方面。具体来说，城市人类与其他生物的共生（存）性原理包括：①规划城市空间结构模式应考虑保护和提高该地区的生物多样性水平；②城市土地利用应考虑其他生物的生产与发展（种群的迁居、散布和遗传性质的交流和延续、栖息地、路径和通廊等的预留）；③应认识到规划城市空间结构模式对地区生物多样性的潜在冲击；④规划城市空间结构模式应考虑对减少生物多样性水平的补偿措施。

（4）可持续原理（空间结构发展原理）

城市空间结构是不断发展变化着的。为了城市的健康存在，我们希望城市空间结构的发展应是可持续的，此即城市空间结构可持续原理的核心内容。

第一，城市空间拓展趋势的合理性原理。城市空间结构的发展首先表现在其空间拓展的趋势和方向上，其应具有一定的科学性和合理性。如：①城市空间拓展方向应与经济主要联系方向一致，包括产业轴发展方向、产业的空间分布、等级体系等方面；②城市空间拓展方向应与交通轴、生态轴在空间位置等方面关系协调，而不能互相冲突；③城市空间结构拓展方向要符合城市的自然环境条件和生态格局等。

第二，城市空间结构拓展的生态保障性原理。城市空间结构拓展必须建立在一定水平的生态保障性的基础上，包括：①只有在城市自然条件和容量的状态与特征允许时才进行城市空间结构的拓展；②城市拓展对城市自然生态系统的干扰与破坏程度应限制在最低程度之内，城市空间结构应朝着生态负荷最小的方向发展；③规划的城市空间结构模式应与区域生态环境支持系统有较高的协调程度。

第三，城市空间结构的安全性原理。城市空间结构必须具有足够的安全性水平，这既有利于其长久的生存也有利于其可持续发展。包括：①城市用地选择应充分考虑城市防灾（防洪、防火、防地震、泥石流、滑坡等）；②城市用地布局应充分考虑防灾和减灾措施；③城市用地布局应充分考虑各种城市安全问题，如生物安全、水安全、食物安全、市政服务设施安全、城市生命线系统安全、工业危险设施安全等。

第四，城市空间结构的灵活性原理。城市空间结构应具有一定程度的灵活性（弹性），只有具有充分的灵活性，城市空间结构才可能具有强大的生命力。包括：①规划部门应有多种城市空间结构模式的预案；②规划城市空间结构模式与城市远景规划应有较好的协调性；③应考虑城市空间结构模式的分期实施；④城市空间结构模式应具备一定程度的可变（调）性，可以通过设置备用地、规定各种用地的兼容性等来实现城市空间结构的可调性。

第五，城市空间资源的储备性原理。城市空间结构的可持续发展必须以持续扩展的空间资源作为其坚实的基础，而空间资源的提供是以空间资源的储备作为基础的。城市空间资源的储备包括：①自然保留地的预留；②城市发展用地的预留；③重大基础设施的用地预留；④城市远景功能的考虑与用地预留等。

第六，城市空间资源使用的公平性原理。城市空间结构的可持续性也应该遵循可持续思想的基本原则之一——公平性。包括：①城市空间资源的使用应强调代际公平性，当代的城市空间结构拓展不能将后代的空间资源消耗殆尽；②城市空间资源使用还应强调区际公平性，城市每个分区之间在空间资源的使用上也应有一定的公平性；③城市空间资源使用还应考虑城乡公平性，不能以损害乡村的发展作为城市空间结构可持续发展的代价。

第七，城市生态环境的趋性原理。城市空间结构的可持续发展的最明显的特征之一应是城市生态环境质量不断朝好的方向发展。将城市生态环境的趋优性与城市空间结构联系起来，就要求：①规划城市空间结构模式应考虑城市自然地区生态恢复；②规划城市空间结构模式应对城市生态环境质量具有一定程度的改善作用；③规划城市空间结构模式应对城市自然生态容量的提高起一定的作用；④规划城市空间结构模式应对城市自然生态系统为人类所提供的生态服务功能具有一定的改善作用。[42]

6.2 城市规划思想的发展历程

6.2.1 中世纪至19世纪主要城市规划思想

19世纪上半叶，资本主义城市矛盾随着资本主义的发展而更加突出，一些空想社会主义者继空想社会主义创始人——英国的莫尔（T. More）等人之后提出种种设想，把改良住房、改进城市规划作为医治城市社会病症的措施之一，他们的理论和实践对后来的城市规划理论颇有影响。

（1）乌托邦

在资本主义萌芽时期，针对城市和乡村的脱离和对立、私有制和土地投机等所造成的矛盾，莫尔于 16 世纪提出乌托邦理论。乌托邦是人们心目中的精神家园，是人们思想意识中最美好的社会，在那里，为避免城市与乡村脱离而控制城市规模，街道宽而通风良好，一切生产资料归全民所有，生活用品按需分配，人人都从事生产劳动，同时有充足的时间从事科学研究和娱乐。空想社会主义一定程度上揭露了资本主义城市矛盾的实质，对后来的城市规划理论有一定的影响。

（2）太阳城

康帕内拉（T. Campanella）是 16 世纪末至 17 世纪初意大利杰出的思想家、伟大的空想社会主义先驱。17 世纪初，康帕内拉在意大利内乱外患时被捕，在牢狱生活中著成《太阳城》，在书中他抨击了由私有制产生的各种弊病和罪恶，主张废除私有制，同时，向人们详尽地描绘了他心中的“太阳城”理想国。在这个虚构的理想城邦里，没有私有财产，人人参加劳动，居民从事航海、防卫、农业、畜牧等工作，每天工作 4 小时，其余时间用于读书娱乐，生活日用品按需分配。康帕内拉在《太阳城》中提出的空想共产主义体系，是后来很多空想社会主义体系的雏形。

（3）新协和村

英国的欧文是 19 世纪伟大的空想主义者之一，他针对资本主义已暴露出来的各种矛盾，进行了揭露和批判，认为要获得全人类的幸福，必须建立崭新的社会组织。1817 年，欧文根据他的社会理想，把城市作为一个完整的经济范畴和生产生活环境进行研究，提出了一个“新协和村”，在这里，耕地面积为每人 4000m^2 或略多，村的中央以 4 幢很长的居住房屋围成一个长方形大院，院内有食堂、幼儿园与小学，村边有工厂，村外有耕地和牧地等。1825 年，欧文为实践自己的理想，毅然动用他自己的大部分财产来创设新协和村，但最终失败。虽然这种思想遭到当时政府的拒绝，但仍有不少人追随他建立了许多新协和村。

（4）法朗吉

傅立叶（C. Fourier）是法国空想社会主义者，19 世纪初，他发表多部著作揭露了资本主义制度的罪恶，主张以他设计的“和谐制度”来代替资本主义制度。他理想的“和谐社会”，就是由一个个有组织的合作社组成，它的名称叫“法朗吉”。法朗吉通常由大约1600人组成，是招股建设的，收入按劳动、资本和才能分配。在法朗吉内，人人劳动，男女平等，免费教育，工农结合，没有城乡差别，傅立叶幻想通过这种社会组织形式和分配方案来调和资本与劳动的矛盾。同时，傅立叶还为法朗吉绘制了一套建筑蓝图，建筑中心区是食堂、商场、俱乐部、图书馆等，建筑中心的一侧是工厂区，另一侧是生活宅区，傅立叶的这些设想后来也成为“田园城市”、“卫星城市”等理论的思想渊源。

（5）巴黎规划

19世纪影响最广的城市规划实践是法国官吏奥斯曼（B. Haussmann）1853年开始主持制订的巴黎规划。尽管巴黎的改建，有镇压城市人民起义和炫耀当权者威严权势的政治目的，但巴黎改建规划将道路、住房、市政建设、土地经营等作了全面安排，为城市改建作出了全面安排，为城市改建作出了有益的探索。影响所及，科隆和维也纳等城市也纷纷效仿。这一时期还出现了另一种建设实践，即英国一些先进工业家在建设工厂的同时，建设新的工人镇，例如1851年英国工业家萨尔特（T. Salt）建设了“萨泰尔工人镇”，1887年英国工业家利威尔（W. H. Lever）建设了日光港工人镇，形成所谓“企业城镇”。这些实践无疑促进了英国社会活动家霍华德（E. Howard）的“田园城市”等城市规划理论的形成。

（6）田园城市

霍华德在他所著的《明日，一条通向真正改革的和平道路》中，提出应该建设一种兼有城市和乡村优点的理想城市，他称之为“田园城市”，并于1899年组织田园城市协会，宣传他的主张。田园城市实质上是城和乡的结合体。它的规模足以提供丰富的社会生活，四周要有永久性农业带围绕，城市的土地归公众所有。霍华德通过田园城市理论，对现代社会出现的城市问题，提出了一系列独创性的见解，形成了一个比较完整的城市规划思想体系，田园城市理论对现代城市规划思想起了重要的启蒙作用，对后来的有机疏散、卫星城镇等城市规划理论也有一定影响。

6.2.2　20世纪城市规划学术思想及实践

20世纪初，西方国家的城市问题主要有两个，其一，随着工业革命后，新阶段的迅速成长，促成当时社会秩序的变更，以及继19世纪以后城市化进程的进一步加速；其二，新技术的问世造成的城市变革，诸如单轨铁路、汽车等交通工具的出现对城市规划产生的影响最为有力。伴随着各种各样的城市问题和城市建设活动，各种城市规划思潮也不断产生，以期解决严重的住房短缺等社会问题。在第一次世界大战后，资本主义相对稳定，各国经济复苏，建设活动兴盛，人们提出了许多相应的规划思路和对策，探讨了城市构成与各种经济社会活动的组织协调问题。虽然经历了两次世界大战，使得城市建设曾在一段时间内趋于停顿，但是每一次的战后经济复苏，都为城市建设带来一阵高潮，也为城市规划理论发展带来了大量的思考，从而带动了城市规划学科的发展。

（1）田园城市思想的延续

霍华德的田园城市思想提出后，被英国的一些忠实追随者发展。1903年，为了证实其构想是可行的，霍华德组织田园城市有限公司，筹措资金，并任命建筑师恩维（R. Unwin）和帕克（B. Parker）为第一座田园城市的总体规划设计师，运用霍华德的设计理念，在距伦敦56km的地方购置土地，建立了第一座田园城市——莱奇沃思，规划人口3.5万，用地18.4km^2。1920年，恩维和帕克又在距伦敦西北约36km的韦林建设了第二座田园城市，规划人口5万。到了1930年，帕克在英国建设了第三个田园城市——威顿肖维。田园城市的建设引起了社会重视，许多国家都纷纷效仿。20世纪以来，田园城市思想以各种形式渗透到欧洲、美洲、亚洲等各国的城市规划图纸上和城市建设中，并据此作出了许多新的解读和探讨。

（2）盖迪斯对区域规划和城市规划学科的贡献

英国规划大师盖迪斯（P. Geddes）的历史贡献是他首创了区域规划的综合研究，创造性地论证了城市与所在地区的内在联系，他的《进化中的城市》一书牢固地把城市规划建立在研究客观现实的基础之上，体现了他的人本主义的规划思想，强调“按照事物的本来面貌去认识它……按照事物的应有面貌去创造它”。在对城市进化发展的探索中，人们认识到，城市向郊区发展的趋势，将使很多城镇逐渐结合起来构成巨大的城镇集聚区，甚至形成近几十年来出现的所谓“巨型城市”，因此，城市规划实际上正在或者应该成为城市和乡村结合在一起的“区域规划”。盖迪斯提出了区域规划理论，强调周密地分析地域环境的潜力和限度对于居住地布局形势与地方经济体系的关系，强调把自然地区作为城市规划的基本构架，这使他成为西方城市科学走向综合的奠基人。

（3）卫星城镇规划

20 世纪初，大城市恶性膨胀，使如何控制和疏散人口成为突出问题。作为霍华德田园城市的实践者和追随者，英国建筑师恩维、美国规划建筑师惠依顿及后期的沙里宁提出了卫星城镇规划，即在大城市周围用绿地围起来，限制其发展，在绿地之外建立卫星城镇，和大城市保持一定联系。1922 年，霍华德的另一追随者恩维在他的出版的《卫星城市的建设》一书中正式提出了卫星城市的概念。卫星城镇有“卧城”，即依附于母城的住宅性的中小城市，有半独立的卫星城，也有基本上完全独立的新城，卫星城镇的建设为市民提供多种就业机会，使得社会就业平衡，生活接近自然。第二次世界大战中欧洲不少城市受到不同程度的破坏，再次城市规划时郊区普遍新建了一些卫星城市。

（4）雅典宪章

20 世纪以来，人类经历了两次世界大战，国际政治、经济、社会结构发生了巨大变革，科学技术长足发展，人文科学日益进步，价值观念也发生了很大变化，这一切都对城市规划产生了深刻的影响。在 1933 年的雅典会议上，国际现代建筑协会（CIAM）与会者研究了现代城市与规划问题，提出了一个城市规划大纲，即著名的《雅典宪章》。《雅典宪章》概述了现代城市面临的问题，提出了应采取的措施和城市规划的任务；提出现代城市应解决好居住、工作、游憩、交通四大功能，居住为城市主要因素，应多从人的需求出发，并指出城市发展中应保留名胜古迹及古建筑，同时强调城市规划是一个三度空间的科学，应考虑立体空间；还提出要以国家法律形式保证规划的实现，城市的种种矛盾是由大工业生产方式的变化和土地私有引起的，城市应按全市人民的意志来规划，以及要有区域规划为依据等。《雅典宪章》是现代城市理论发展历程中的里程碑，《雅典宪章》提出的城市发展中的种种问题、论点和建议很有价值，至今仍有重要的影响。

（5）城市集中和分散主义

产业革命后，城市内部结构发生了根本性变化，促使人们从理论上研究城市的结构和形态，寻求城市发展的最佳模式。法国建筑师柯布西耶（L. Corbusier）1922年在《明日的城市》中主张充分利用当时先进的技术，建造高层高密度的建筑群，使城市集中发展，以求得最好的生活环境和最高的工作效率，这种思想被称为城市集中主义。而美国建筑师赖特提出的“广亩城市”认为城市应与周围的乡村结合在一起，平均每公顷居住2.5人，被称为城市分散主义，这两种城市模式影响都很广泛。

（6）大伦敦规划实践

1942年艾勃克龙比（P. Abercrombie）主持编制大伦敦规划，当时被纳入大伦敦地区的面积为6731km^2，人口为1250万人，规划方案在距伦敦中心半径约为48km的范围内，在制定规划过程中遵循了盖迪斯所概况的方法，即“调查－分析－规划方案”。大伦敦的规划结构为单中心同心圆封闭式系统，其交通组织采取放射路与同心环路直交的交通网。大伦敦规划汲取了20世纪初期以来西方规划思想的精髓，虽然在其后几十年的实践中出现了一些问题，但当时在调查分析的基础上，对所要解决的问题提出了切合时宜的对策与方案，对控制伦敦市区的自发性蔓延、改善混乱的城市环境起了一定的作用。20世纪50年代后期，大家开始对伦敦的一元化结构体系提出异议，促使60年代以后，大城市多中心规划结构得到采用和推广，而60年代中期编制的大伦敦发展规划，也试图改变1944年大伦敦规划中同心圆封闭布局模式，使城市沿着3条主要快速交通干线向外扩展，形成3条长廊地带，在长廊终端分别建设3座具有“反磁力吸引中心”作用的城市，以期在更大的地域范围内，解决伦敦及其周围地区经济、人口和城市的合理均衡发展问题。

（7）马丘比丘宪章

1977年12月，一些世界知名城市规划设计学者于秘鲁利马签署了《马丘比丘宪章》。《马丘比丘宪章》是在《雅典宪章》40多年的实践后签署的，但是城市规划师们并没有舍弃《雅典宪章》的基本原则，而是在一些重大问题上给予更新和补充，对其进行了分析、完善，着重指出了在城市急剧发展中，如何更有效地利用人力、土地和资源，如何协调城市与周围地区的关系。宪章分为11小节，对当代城市规划理论与实践中主要问题作出了论述，这11小节分别为：城市与区域、城市增长、分区概念、住房问题、城市运输、城市土地使用、自然资源与环境污染、文物和历史遗产的保存与保护、工业技术、设计与实践、城市与建筑设计。宪章强调了城市规划必须在不断发展的城市化过程中反映出城市与其周围区域之间的基本动态的统一性，规划过程应包括经济计划、城市规划、城市设计和建筑设计，它必须对人类的各种要求作出解释和反应，不应当把城市当作一系列的组成部分拼在一起来考虑，而必须努力去创造一个综合的、多功能的环境。《马丘比丘宪章》是继 1933 年《雅典宪章》以后对世界城市规划与设计又一具有深远影响的文件。

（8）“邻里单位”概念

邻里单位理论是社会学和建筑学相结合的产物。由于住宅及其环境问题是城市的基本问题之一，美国社会学家佩里（C. A. Perry）通过研究邻里社区问题，在 20 世纪 20 年代最先提出“邻里单位”概念，被称为社区规划理论的先驱。佩里指出居住区内要有绿地、小学、公共中心和商店，并应安排好区内的交通系统。后来，建筑师坦因（C. Stein）根据邻里单位理论设计纽约附近雷德布恩居住街坊，取得重大成功，雷德布恩式的街坊被视为汽车时代城市结构的“基层细胞”。第二次世界大战后，西方国家把邻里单位作为战后住宅建设和城市改建的一项准则。20 世纪 60 年代开始，一些社会学家认为它不尽符合现实社会生活的要求，因为城市生活是多样化的，人们的活动不限于邻里，邻里单位理论又逐渐发展成为社区规划理论。

6.2.3 城市规划思想的发展趋势

20 世纪 60 年代以来，世界各地的城市建设进行了许多新的城市规划的实践尝试，如国土规划与区域规划、新城建设、西方大城市内部的更新与改造问题、科学城与科学园地建设、古城和古建筑保护等，还进行了许多大城市的总体规划，包括伦敦、巴黎、华盛顿、东京与莫斯科的城市总体规划等。这个时期各国对古城和古建筑的保护、市中心和重要商业街区的建设、城市园林绿化、居住区的规划结构都进行了新的探索，塑造了新的格局形态、空间特征，提高了城市的环境面貌和文化特征，满足了时代要求。同时，许多国家在大城市地区和重要工矿地区开展了大量的区域规划工作，并有不少国家实现了有计划的国土整治，这个时期的国际现代建筑协会第十小组的建立是城市规划的重要历史性变革，它为 20 世纪 60 年代以来的城市规划与建设奠定了理论基础。

同时，各学科的交叉和横向发展城市规划成为一门高度综合的学科，出现了一大批理论著作，标志着在城市规划指导思想上的重大突破。在城市规划编制上，各国政府对规划实行统一领导，宏观控制，从过去的物质建设规划发展到多学科的综合规划，把物质建设与经济发展计划、社会发展规划、科技文化发展规划及生态环境发展规划相互结合，并采取综合评价，以系统论的观点进行总体平衡；在大城市的布局形态上，封闭式的单一中心的城市布局逐渐被开敞式多中心所取代；规划的范围从国土、区域、大城市圈、合理分布城镇体系等多方面进行综合布局，使全国的人口与生产力布局与城市规划协调，使城乡融为一体；而新技术革命、现代科学方法论，以及电子计算、模型化方法、数学方法、遥感技术等对城市规划与建设产生日益显著的影响。总体来说，当前城市规划学术思想主要表现出以下发展趋势。

（1）动态城市规划思想和方法的出现

城市规划的方法，各国不尽相同，例如，英国的发展规划，联邦德国的土地使用规划（也称总体规划）和地区详细规划，苏联的总体规划、近期建设规划和详细规划。中国编制城市规划从 20 世纪 50 年代以来基本上采取第二次世界大战前后国外流行的方法：先论证城市发展性质，估算人口规模；再确定土地使用方式，组织建筑空间结构，确定道路交通系统及其他主要市政工程系统等；然后编制城市总体规划和城市详细规划。这种规划基本上是一个物质环境规划，为一个城市的未来各种活动安排空间结构，是一幅要在规定期限内（如 20 至 30 年内）加以实现的城市物质环境状态的蓝图，用以指导城市建设。经过多年的实践，人们越来越认识到上述规划方法不能适应社会、经济的迅速发展。基于对城市开放性——城市的发展与更新永无完结的认识，在城市规划工作中，将考虑最大范围内可以预见和难以预见的情况，提供尽可能多的选择自由，并给未来的发展留有充分的余地和多种可能性。城市规划界提出了“持续规划”和“滚动式发展”的规划思想，即主要着眼于近期的发展与建设，对远景目标则不断地加以修正补充和调整，实行一种动态的平衡，从而抛弃了把城市规划当作城市“未来终极状态”的旧观念。在这种认识下，出现了崭新的城市规划方法，如英国在 1968 年用新的结构规划和局部规划的两阶段规划方法代替原有的发展规划或总体规划。在规划内容上除了物质环境规划，还增加了经济规划和社会规划，以实现城市的社会经济目标，因此成为多目标、多方面的更为综合的规划。

这说明，随着经济的快速发展，城市日新月异，城市规划也要求能够随着城市的发展变化不断地调整城市发展目标和发展蓝图，使城市规划符合最新的城市发展条件，对城市建设产生更具实际意义的指导作用，这就是“动态城市规划”思想。“动态城市规划”思想主要是针对城市发展过程中那些不可确定的外部因素可能会使城市发展出现新的情况，即可能产生与原有城市发展环境不同的新的城市发展环境和条件，而由于这种城市规划还停留在以前的数据分析上，没有及时反映出这种城市新的发展态势，城市规划所表现出来的城市发展前景对城市建设管理就不再具有实际指导意义。城市发展中的这种外在干预很难预料，也必然存在，这就需要城市规划也是一个动态发展过程，能根据城市用地状况的改变或外在环境的改变及时调整规划方案，以适应新的城市发展环境需要。动态城市规划过程不仅体现了城市发展的自然规律，也体现了城市规划业务的自身特征，表现了城市规划工作作为一个系统工程的复杂性。“动态城市规划”对城市规划的方法和手段提出了更高的要求，它不仅需要更多的数据支持，更及时的数据更新，而且需要更有说服力的决策分析支持，靠原来的常规方法难以满足这些要求，它需要通过科技创新支持“动态城市规划”的实现。

（2）新技术手段的使用

新技术革命、现代科学方法论，以及电子计算、模型化方法、数学方法、遥感技术对城市规划产生了深远的影响。系统工程学、工程控制论等数理方法及电子计算机、遥感等新技术手段在逐步推广它们在资料的收集处理、预测评价方面所提供的方法和手段，有助于提高城市规划工作的质量。

自工业革命以来，科学技术对经济发展的推动作用始终存在，但其主导地位近年来越来越显著。经济合作与发展组织的《1966 年度科学、技术和产业展望》提出“以知识为基础的经济”概念，其定义是“知识经济直接以生产、分配和利用知识与信息为基础”。在知识经济时代，科技创新成为最重要的发展资源，被称为无形资产。当代城市规划必须适应形势的发展，从理论上和实践上不断开拓、创新，有效地利用新技术、新手段，掌握更全面、更准确的信息，更快地作出科学的决策，以顺应社会的发展潮流。信息化、网络化、数字化、智能化的浪潮汹涌澎湃，数字城市正是这股浪潮的潮头，如果我国能够抓住历史赐予的跨越式发展机会，中国的城市规划、建设和管理水平将极有可能冲进世界先进国家的前列，并带动相关产业的发展。

（3）交叉学科的不断拓展

自古就有多学科参与城市的研究，近年来更趋活跃，从地理学、社会学、经济学、环境工程学、生态学、行为心理学、历史学、考古学等方面研究城市问题所取得的成果，极大地丰富了城市规划理论，这个趋势将继续下去，今后还会有更多的学科渗入并开拓城市问题的研究领域。由于城市问题包罗万象，有人提出在有关学科群的基础上建立以研究城市性质、城市模型、城市系统和发展战略为目的的城市学，也有人提出建立以系统研究乡村、集镇、城市的各种人类聚居地为目的的人类聚居学等。这类新学科的建立，或许有助于加深对城市的宏观认识，但它的进展需要建立在完成大量城市问题研究工作的基础上。

6.2.4　城市规划中的数学方法及其应用

1）城市规划与系统工程学

（1）系统工程学与城市规划定性与定量分析

城市规划是促进城市可持续发展的有效技术手段。作为地理学、经济学、社会科学等学科的交叉学科，城市规划不仅要研究空间、资源配置等物质实体，还要研究其间的相互作用、影响因素，同时还要作出一系列决策。这个社会经济大系统内的因素繁多，要协调好它们之间的关系，单纯依靠定性描述的手段显然不够，科学发展的历史也已经指明，科学技术定量化是科学发展的必然历史趋势，必须采用定性与定量分析相结合的方法。因此，在规划过程中采用数学模型，进行定量化决策是提高城市规划准确性的重要手段。

以前进行的城市规划分析大多停留在对现状的描述上，运用统计分析等统计学方法进行的定性与定量分析相结合的手段和技术还非常薄弱。随着计算机技术的广泛应用及运筹学等相关学科的发展，研究的手段也逐渐从定性迈向定性和定量的结合，即先定性分析城市规划的影响因素及城市运动变化规律，然后运用系统工程的定量化、模型化手段建立综合数据库和应用模型，从而推动了定量分析与模拟在城市规划中的应用与发展。也只有在定量模拟的基础上，才能准确地预测城市的发展变化与持续服务能力。这种变化说明了城市规划学科正从注重表向的研究深入到本质的探索，努力揭示事物内在的机制和运动规律。

系统工程学理论的基本点就是要求人们对研究对象作完整的、系统的、全面的考察与分析，而系统工程学的方法论就是要求人们既定性又定量地研究分析对象。城市规划方案、城市建设管理措施的优化显然是我们竭力追求的目标，系统工程通过对城市大量有关资料、数据的整理加工进行统计分析，可以提示城市系统各要素的内在联系和发展规律，预测城市的发展，为规划提供科学的依据（陈秉钊，1991）。

（2）GIS、系统工程学与城市规划定性、定量、定位分析

随着 GIS 的广泛应用，使多属性、大范围的空间模拟分析成为可能，现在如何把数学方法和空间分析技术有效结合起来，在定性分析的基础上找出一个有效的定量化方法，对城市规划方案进行优化分析并提出优化措施，是一个值得探索的方向。国外城市规划界从 20 世纪 60 年代起，已普通运用了数理统计、运筹学、线性规划、数学模型和计算机技术来模拟实际情况对规划方案进行研究，这些为数据模型与 GIS 的综合使用奠定了重要基础。

研究实践表明，城市规划空间分析是一种动态的空间决策问题，涉及动态性和空间性影响因素。GIS 具有较强的地理信息处理和空间分析功能，但侧重于空间分析，其预测和综合分析功能较弱，而系统工程有丰富的非空间建模法及属性建模功能。因此，把两者综合起来，基于系统工程原理开发具有城市空间分析、预测和评价决策的应用模型，成为辅助城镇发展布局优化决策的主要途径和有效手段。目前，应用模型与 GIS 的集成主要有三种方式，即松散式、紧密式和完全式，各有优缺点，通过简单的文件交换即松散式来实现应用模型、统计分析和 GIS 的连接是一种较容易实现的方法。另外，GIS 除了完成空间数据处理与空间分析外，还是数据查询和灵敏度分析的有力工具，可增强可视化的直观效果（程建权等，1999）。

2）城市与区域规划模型的类别

城市与区域模型的方法论可以概括为在计算机软件化的数学模型上进行各

种分析、预测、模拟和决策。20 世纪 70 年代末以来，城市与区域规划模型逐步成熟和完善，概率论、数理统计建模方法、运筹学方法、模糊数学、分维几何学方法等被广泛用于城市规划模型的构建。20 世纪 80 年代末期以来，随着 GIS、遥感、CAD、数据库管理系统、GPS、Internet 虚拟现实等技术的发展，尤其是近几年数据挖掘领域的探索及数字城市与数字城市规划思路的提出，为城市与区域模型的发展开辟了一个广阔的应用空间。当前城市与区域规划进入了一个以城市规划理论为指导，以 GIS、CAD、DBMS 等计算机软件技术和数学模型为支撑的新时代。在此，按照使用数据、采用的数学方法、应用领域、模型的功能等将城市与区域模型分为以下几类。

（1）数据统计分析模型

数据统计分析方法在城市规划中应用广泛，面对大量种类繁多的城市基础信息，往往通过数据统计模型获取数据分布形态、研究对象相互关系、研究对象的发展趋势及以此划分对象类型等。它主要是利用均值、方差、标准差、峰值等统计量来刻画城市与区域属性的空间分布；利用相关分析、灰色关联分析、回归分析等手段分析城市与区域要素的相互关联程度，应用判别分析方法、聚类分析方法、因子分析、主成分分析等进行城市与区域类型划分。

（2）城镇体系模型

城镇体系模型对辅助和指导城镇体系规划具有重要作用，有些模型已成为指导城镇体系规划的理论基础，如等级规模、首位度、专业化指数、吸引范围、城市化水平预测等，或通过模型分析区域之间各种“流”在空间的流向和强度，建立城镇体系中各城市的相互作用模型，如单重力模型或双重力模型。该模型对城市规划的制订有重要指导意义。

（3）最优规划模型

最优规划模型是城市与区域规划中经常应用的一类数学模型。运筹学是模型建立的学科基础。在此，根据规划目标的多少可分为单目标规划模型和多目标规划模型；根据约束条件和目标函数的形式可分为线性规划、非线性规划、整数规划、0～1 规划等。其中最常用的是线性规划和多目标规划。

（4）规划用地评价模型

城市规划中，用地评价模型也是使用较多的模型，包括城市生态等级评价、建设适宜性评价、土地经济等级评价、城市用地等级评价等。评价模型可以用于规划方案的评价。综合评价模型方法一般包括模糊综合评价、因子评价、层次分析（AHP）等方法。

（5）系统仿真和预测模型

每个城市都有它的过去、现在和将来，在特定的历史条件下，城市有它特有的发展轨道，并为其未来发展奠定基础及给出限定条件。系统仿真模型主要是通过已有历史数据和相关参数的假设来模拟城市的运行和发展历程，研究城市运行动力和发展方向。既包括道路发展、人口发展等单一要素的发展仿真和预测，也可包括受多要素影响的城市整体发展模拟和预测，如城市用地发展预测等，可借助于回归分析方法、时间序列方法、自回归模型及现有的 CA 模型等。[43]

6.2.5 城市规划生态化途径

1）城市基本空间要素的生态化

（1）基质生态化：生态基质

要使城市空间结构向生态化方向演化，最重要的途径之一是提高其基质的生态化水平。生态基质主要由森林、绿地、农地、水面等面状的自然或半自然状态的相联空间构成。基质的判定可根据如下标准：①动态控制程度。如果景观中某一要素对景观的动态控制程度比其他景观要素大，则可以认为它就是基质。②相对面积。当景观中某一要素的面积比其他要素的面积大得多时，该要素就可能是基质。但是，景观的基质并非均匀分布，面积也不是判定景观基质的唯一充分条件。③连通性。当景观中某一要素（线状或带状要素）连接得较为完好，并环绕所有其他景观时，便可以被认为是基质，如具有一定规模的农田林网（周春山，2007）。

高水平的生态基质使城市拥有较多的生态用地、较高的自然景色的丰富程度、较高的生物多样性，能最大限度地满足城市居民的生态需求。以生态绿地为基质的生态城市与传统城市有着明显的区别：传统城市中，生态绿色只是零星的或者稍具规模的公园、草坪、街头绿地、广场绿地、郊区林地，这些绿地多数仅为斑块，而人工建筑、建筑物为其基质，使得绿地相互间的生态联系弱，生态流处于分割孤立状态，而且小型、单一生态斑块效应较为低下，生物多样性低。而生态城市中，景观元素的土地关系改变，作为斑块的生态绿地转化为景观基质要素，从而形成一个生态环境效益高、整体性强、环境宜人优美的背景区域，保护了其中作为斑块的人工系统。

（2）单元生态化：生态功能体

生态功能体是镶嵌在生态基质中的大小各异，功能混合的斑块，是传统功能区如工业区、居住区、商业区、文化区等经过生态改造，形成的具有明显的生态优良高效的生态单元。这些生态单元又经过不同的空间组合而形成的一种共生体。这种生态功能体功能混合，本身在每一项主要需求项目上都可以达到自给自足的目标，在一定尺度下形成独立的内部循环系统。并且各生态单元之间存在着物质、能量上的相互作用，类似于自然生态系统内的循环，因而构成一种互利互惠，多样性高、适应性强、可持续的功能体。

生态功能体中的生态单元内部和生态单元之间存在着紧密联系。以生态工业园区为例，它是仿照生态体系中的生产、消费和“废物”处理过程的机制，将现行的“资源——产品——废物排放”开环式经济流程转化为“资源——产品——再资源化”的闭环式经济流程，实现资源的减量化、废弃物的资源化。它综合考虑多种产业、多个过程之间的物质流、能量流、信息流、资金流的集成，从而在区域内部提高资源、能量的利用效率，使废物排放量最小，实现经济和环境效益的双赢。

生态社区则是城市空间结构生态化的另一个重要生态单元。它强调社区人、生物和环境的共同行动和活动，意味着生态城市中以社区人的生活选择与生活生态过程为主导，以社区中人——生物——环境这一生态链网为物质基础，具有持续性、健康性、安全性、共生性、进化性的特点。

（3）联系生态化：生态廊道

生态功能体作为城市景观生态格局中的斑块，其内部之间以及其与生态基质发生着联系，这种联系需要靠廊道来完成。廊道是线形或带形的景观生态系统空间类型，其作用包括隔离、流的加强和辐散、过程关联等。其显性功能包括：栖息地功能；通道功能；过滤器功能；源的功能，沿廊道运动的动物等都可能进入基质；汇的功能，即廊道汇集了来自基质的各种影响。

生态廊道主要分为两类：一类是自然廊道，如河流、环城林带、行道树等，其效应表现为限制城市无节制发展，吸收、降低和缓解城市污染；而另一类是人工廊道，即道路、沟渠、管网等线性运输人、物、信息的通道。两类廊道共同发生作用，使生态功能体与生态基质之间得到连通或者隔离保护。生态廊道在维持区域的异质性、稳定性、生态整体性及保证功能持续发挥方面具有不可替代的作用。生态学家和环境保护学家普遍认为，自然廊道有利于物种的空间运动和本来孤立的斑块物种的生存和延续。研究表明，河流植被宽度在30m以上时，能有效起到降低气温，提高生物多样性，增加河流中生物的食物供应，控制水土流失、河流沉积与过滤污染物等功能。道路林道60m宽时，可满足动植物迁移和生物多样性保护功能。城市空间结构生态化水平高的自然廊道具有相互连通性，不同规模、不同形式的绿色廊道构成了一个统一体，并具有生态、休闲、文化、社会交往等多种功能（周春山，2007）；至于人工廊道，总的原则是在满足使用要求的同时，尽量减少其负面影响和作用，并增加其生态功能。

2）生态城市指标体系

（1）生态城市指标体系的类型、标准及权重

第一，类型。生态指标体系是实现生态城市规划及建设目标的具体化工作之一。其功能具有多重性，既可对城市发展的生态化水平进行评价及测度，又可作为生态城市规划目标及生态城市建设目标的分解之用，使之具体化、实际化和阶段化。生态城市的指标体系从构成内容上，可以分解为人口、经济、社会、环境、生态、结构以及效率公平等指标；在阶段上可以分成初级、中级、高级阶段等指标；在功能或服务对象上包括生态城市测度及评价指标、生态城市规划指标、生态城市规划标准指标；在指标体系来源上可分成国际性组织指标、国家级指标、城市级指标等。

第二，标准。生态城市指标体系中的每一个指标一般要有标准值才能判断其状况的优劣，各个单向指标的优劣的集合就构成了整体的生态城市指标体系的优劣。各指标标准值的确定可遵循以下原则：①根据现有的可持续发展理论推算参考标准值。②参考已有国家标准或国际标准规定的指标来设定参考标准值。③参考发达国家对现代化城市的量化指标来设定参考标准值。④参考国外发展程度较高的城市现状值来设定参考标准值。⑤参考目标城市的发展趋势来设定参考标准值。

第三，指标筛选及权重确定。生态城市的指标体系反映了对生态城市的认

识，也是生态城市规划、建设目标的最直接的反映，因此，其准确性、全面性至关重要；同时生态城市指标体系分了多个层次，每个层次内部以及相对于整体的重要性程度（权重）也必须有明确的反映，才能相对较准确地反映整体的生态城市的发展水平及状况。基于以上原因，生态城市指标体系的确定应慎重、谨慎、全面，在明确的构建目标和原则的基础上进行。在指标筛选方面，扬州生态城市指标体系的构建采用了专家咨询法（吴琼等，2008）；张思锋等（2009）应用相关系数分析法对生态城市指标体系指标进行筛选和检验，运用层次分析法确定指标权重，这些都是有益的尝试。

（2）生态城市指标体系

第一，温哥华的生态城市建设指标。温哥华的生态城市建设指标体系包括固体废弃物、交通运输、能源、空气排放、土壤与水、绿色空间、建筑等类别，针对17项目标，23条策略制订了近30个定量指标，其指标制订路径的特点是“目标－策略－指标”。

第二，国家环境保护总局指标体系。国家环境保护总局于2003年颁布的《生态县、生态市、生态省建设指标（试行)》是我国官方的生态城市评价指标体系之一。其指标包括经济发展、环境保护和社会进步三类，共28项，细分则有33个具体指标。2007年12月26日，国家环境保护总局发布《生态县、生态市、生态省建设指标（修订稿)》的通知，对原有的指标体系做了微调，并将指标分成约束性指标和参考性指标两类。

第三，建设部颁布的《国家生态园林城市标准（暂行)》。建设部颁布的《国家生态园林城市标准（暂行)》也是我国官方的生态城市指标体系之一。其特点为包含城市生态环境、城市生活环境和城市基础设施三大方面，每一指标都有其标准值。

3）生态城市规划案例

（1）欧盟“生态城市计划”

“生态城市计划”是欧盟委员会2002年2月开始在7个不同欧洲国家开展的生态城市规划项目。以下介绍其中的两个。

一是，西班牙的Barcelona－Trinitat Nova。Trinitat Nova是西班牙巴塞罗那东北市郊的城市更新项目，由居民主动推进。规划要点：①整合社会、经济和环境战略，将邻里的生态质量与革新作为经济方面的引力，混合利用并引入新的居住单元以增加社会多样性，规划过程由多方合作管治；②利用新中心的公交服务发达、住区就近布局、密度中高、服务设施可达性良好等优势，实施无汽车区、自行车道和集中的停车场在内的可持续机动交通概念；③将可持续发展概念与城市政策结合，将土壤渗透评价指标、内部水循环设施及街道建筑朝向标准等纳入政府的可持续发展政策，并批准了集合 Trinitat Nova 生态城市规划中的大多数可持续发展目标的邻里法案。

二是，意大利的 Umbertide。Umbertide 位于 Umbria 谷的北部，人口约 15000 人。生态城市规划总体目标是防止城市蔓延。规划要点：①将城市和周边区域视为历史有机体，为专家、官员和市民提供“生态对话”的机会，塑造综合性的历史城市；②以生物建筑和城市生态形式作为规划的基础，设计中注重历史、小气候、城市机理和建筑类型，并在城市和建筑开发空间设计中运用流体动力学模拟系统；③设立无车区，将步行道、自行车道与气候风道结合。

（2）德国生态城市黑尔讷（Herne）

黑尔讷位于鲁尔区北部，是德国北莱茵－威斯特法伦州直辖市。传统矿业城市，其在 1993 年已突破 10 万人。目前人口 16.5 万人，是继奥芬巴赫后德国第二人口最稠密城市。150 年的煤矿生产使该城市生态环境遭到严重破坏。该城市也是“未来的生态型城市”的城市改造工程的参与城市之一。通过以下改造方式最终实现了城市环境的改善。①土地置换与美化市容。将工业萎缩后，分散分布的工业企业重新集中安置，置换后的大量闲置土地用来修建休闲设施和绿地。在老城区进行大规模的建筑翻修，改善市容市貌。②交通方面。扩大公共交通运营范围和质量，最大可能地吸引城市内部交通流。市内 50% 非机动车道为 30 公里限速区，对居住区内机动车道按照低速交通模式的设计要求加以改造，为城市儿童的户外嬉戏创造安全环境，扩建自行车路网，在各轨道交通站点修建自行车和小汽车停车场，方便居民使用公共交通。③改造城市污水管网、恢复城市水系的自然生态风貌。修建污水处理设施，改造城市下水管网，输导城市污水并加以净化处理，然后排入河流。巩固河道岸线，防止废矿区的地面沉降对水道造成破坏，逐步恢复城市水系自然风貌和生态功能。

（3）台北市生态城市发展战略

①生态城市的全球化对策。依托台北盆地自然系统条件为单元区划的基

础，结合城市发展现状，建立小尺度的“生态城市分区”发展单元，每一分区均充分发挥其环境潜力，寻求在全球城市网络中探寻其特定位置与发展角色。“生态城市分区”各具特色，整个城市/自然系统具备高度多样性和复杂性，具有应对瞬息万变的全球市场变动的较大的可能性。

②都市圈生态系统的管理。建立生态多样性保护资讯系统，台北都市圈生态网络和生态绿地发展指标系统。在各个“生态城市分区”中实施如下城市生态网策略：建立绝对保护生态核心区；建立都市边界与缓冲区；建立生态廊道；进行栖息地恢复。同时，建立生态绿地发展指标系统，提升城市生态绿地的量和品质。绿覆率：由33.65%提升至50%；人均绿地：将台北市现有3.88m^2/人的标准逐渐提升；叶面积系数：以乔木、灌木、地被复合形式设计，以取得最大光能利用率；绿视率：这是比绿覆率更有意义的指标。绿视率指标至少达到25%时，约有80%的人会满足于该绿色环境。

③紧密城市发展及大众运输导向（TOD）发展策略。紧密城市策略，可以应对台北都市圈空间因无序蔓延而导致的盆地周边自然灾害频繁的现象。台北今后应更强调以山域水域系统作为自然分界，每一分区追求机能完整性、区域特色与能源资源使用的效率。将都市活动尽可能引导在大众运输系统场站周边，以减少小汽车的使用频率。依台北都市圈地铁系统场站及周边可开发土地为多核心发展目标，场站周边400～500m步行5～8分钟的距离范围是增加土地使用强度的地区。

④极小能源输入的绿色建筑环境系统。台北市的绿色建筑政策定位于城区绿色建筑环境系统的营造，追求系统的“极小能源输入”。通过太阳能及节能技术、环保建材与资源再生系统来设计及营造。绿色建筑政策可结合建筑环境影响评估制度、建筑污染防治法令、绿色建筑检测技术整合、建筑节约能源政策等加以实施。

⑤市民参与。以《地区环境改造规划》为机制增强市民的参与，提升居民的社区认同感与环境自主权。市民参与地区环境管理不仅可以改善邻里社区的安全及环境维护，同时也使生活空间中的自然过程变得清晰可视，是生态城市纲要规划进一步成为行动纲领的重要环节。

⑥城市灾变管理与防治策略。城市灾变管理策略，应建立灾害在生态城市规划策略中的结构性位置，扮演“准则检验”的角色；不论城市制度或基础

环境设计，若能有效降低灾害的危害，则其规划准则即符合可持续发展的基本要求；反之，若一再发生非预期的重大灾害，或无法根据灾害的发生有效应变，则显示制度或环境设计具有重大缺陷。

就台北市生态城市灾变管理而言，首先将历年来城市灾害的发生地点、频率、成因加以整理，并对照当时城市的发展政策、防灾策略与灾后反应，找出灾害与规划的关系。最后将这些关系列为城市发展的重要影响因素，规定各部门的规划必须针对这些关系提出影响说明，这是以灾害作为规则准则检证的方法。其次，灾害管理从时间轴上可分为防灾与预警阶段、紧急应变阶段、灾后重建阶段。理清各种灾变在紧急应变阶段的共通性，将共同处理部分予以整合。另外，就台北市生态城市灾变防治而言，应更积极针对影响城市开发建设的相关法令、制度、开发方案进行开发效益与影响的综合评价，从源头杜绝灾变的产生。例如，水灾防治除了防洪工程之外，应加强土地使用分区及开发许可的管制，促成各基地开发前后水文条件维持不变并能推动水灾保险，分散水灾风险，如此才能收到灾害防治的综合效果。

⑦城市土地管理体系。城市土地管理机制应关注城市内不同区位土地发展潜力与限制之间的关系。从土地发展潜力与限制两方面考虑，引导出台北市各区域土地发展适宜性并加以评估，进一步区分出环境敏感区与低自然度建成区。而后因地制宜建立城市土地管理行政机制，使台北市未来土地规划依循生态的发展方向，迈向可持续发展。

第一，环境敏感地划分。主要依据台北市自然环境敏感地区调查资料绘制自然环境敏感地区分布图、植被与土地开发现状分布图、土地利用潜力分布图及有价值空间分布图等。在台北市生态城市规划的研究中，更进一步划分为自然生态敏感区、景观资源敏感区、地表水源敏感区、灾害敏感区（包括洪水平原、地质灾害及空气污染等三个敏感地区）等四大类。

第二，建成区。主要着眼于未来城市形貌变化中较有潜力的大范围空地及城市再发展土地。首先检视其所属的“台北市生态城市分区区划”，从自然系统观点定位该地原来应扮演的生态功能以及引入新的活动可能造成的生态地位变迁。同样，再从城市机能角度及文化价值角度对这些土地进行检视，以作为生态规划管理的依据。

第三，环境风险评估机制。主要依据已有的开发审议法令中对于土地使用适宜性评估指标内容的要求，应在前面生态城市发展的政策、策略指导框架下考虑生态土地使用规划方法的利用。此外，也针对灾害风险进行评估，实施步骤为：确认所有可能的危险因子；建立危险因子与都市活动的关联性认识；依据因果关系估计危险发生概率与权重；建立风险因子备忘录。而风险评估结果的落实，必须以风险管理方式进行，步骤为：认识风险评估结果；讨论各种风险管理策略的可行性；选择最佳风险管理策略；建立标准化管理计划；执行、监视及改进风险管理计划。

⑧生态城市规划设计准则。

第一，生态斑块、廊道与网络规划准则。台北市在迈向生态城市的过程中尝试站在生态理论的角度以土地嵌合模式去分析生态城市区划内的实质环境。这种规划理论的运用比传统的自然生态环境分析，更具系统性与应用性，而且是一种以生态维护与恢复为基础的土地使用规划方法。

第二，透水城市规划设计准则。从城市整体尺度而言，应使城市区域的排水过程恢复到在高自然的地区中水文循环的降雨、截流、入渗、径流等过程，提出了透水城市的构想。面对高度城市化地区中径流水往往夹带城市污染，并直接影响溪流与河川水质的现象，透水城市的设计除延长水循环过程，利用入渗过程中的自净能力外，须考虑以减污与排污的方法逐步净化溪流、河川与地下水的水质。基本构想包括：现有河道与历史河道恢复；第一级自然排水区规划；第二级人工辅助入渗区的规划与设计；城市防洪调节池策略点选定。

第三，大众运输导向规划设计准则。包括：地铁线网及站区、轻轨系统路网及站区，以及公车专用道路网等方面的准则。

第四，城市发展总量调控规划设计准则。在城市发展极限的观念之下，台北市城市发展政策所拟定的计划人口总量、生活指标可支持总量均需严格管制。在此总量管制下所拟定的计划容积总量，严格维持上限，但可根据各地区的区位特点建立容积转入与容积移出的总量调控机制，使城市发展与自然系统的运作各得其所。在适宜的区位引入恰当的活动与土地利用方式，在生态原则下，同时着重社会公平与经济活力的维持。[42]

6.3 低碳城市发展规划

6.3.1 低碳城市发展规划理论

1）低碳城市规划理论研究进展

（1）低碳城市规划研究

为了实现低碳城市和社区发展，规划应该在不同的尺度上有所作为：

①城市的规模与居民生活的碳排放量存在一定的正相关。随着城市规模的增大（实证中采用城市人口数量来表征城市规模），新增人口的人均碳排放量要高于存量人口。这说明城市增长会导致更高的碳排放水平（Claeser and Kahn，2008）。

②城市土地利用的限制程度与城市居住碳排放量存在较为显著的负相关。城市规划对土地利用的限制和约束越严格，居民生活的碳排放量水平越低。例如，高密度的开发能有效降低碳排放。但另外一种可能性是，规划对土地利用的限制可能使人们无法最有效地配置土地资源，导致城市可能朝不利于环境保护的区域发展（Claeser and Kahn，2008）。

③低碳城市能源规划。进行大规模可再生能源的生产，建造基于高生成效率和生物燃料供应链的大型能源站。2008 年，英国城乡规划协会（TC-PA）出版《社区能源：城市规划对低碳未来的应对导引》，针对低碳城市规划提出：在进行地方能源方案的规划时，应根据不同的社区规模，采用不同的技术来实现节能减排。同时应在充分考虑中心城市及郊区等不同区位情况的基础上，通过提高大型能源生产机构的可持续生产能力以及促进能源的分散生产这种小规模的能源供应形式来减少对化石能源的依赖，进而降低碳排放量。

④零碳排放社区。建立规划框架来支持社区和建筑物尺度的一系列的微观生产技术。如为了通过规划建立零碳排放社区，须在处理气候变化的同时，寻求解决新住房需求和基础设施的配套。城市经济学者应通过建立行为模型，考察城市规模、居住和就业选址、规划限制等因素对居民生活能源消耗和碳排放的影响，这将为低碳城市规划的原则和方法设计提供经济学的支撑。

（2）低碳城市规划政策研究

日本学者青木昌彦（2001）认为：制度设计和建设必须结合本地区的制度、经济、文化、历史、价值现状。英国大伦敦规划在能源、建筑、交通、市政等方面都做了相应的安排，空间规划增加管治、合作组织、政策继承、法律和调节框架以及技术分析和设计等内容。伦敦市政和大伦敦管理局在大伦敦都市地区能源规划发展导引方面已经有了突破，并在2008年2月有所调整，特别关注了供热和电力网络方面。伦敦规划倡导广泛的方法来使伦敦层面推进分散化的能源体系，特别是在可再生和低碳能源方面。这些新政策是：①减少二氧化碳排放。包括少利用能源、有效供应能源以及利用可再生能源。②实现二氧化碳总量排放下降。如在2010年前，在伦敦实现比1990年二氧化碳排放减少15%的降低率。③评估能源需求和二氧化碳的排放。④各区应当识别现有的能源，并促进新型分散化能源（供热、降温和电力）网络。⑤新的发展项目应当符合能源系统标准，能够与当地的分散化网络具有可连接性等。2007年英国发表《应对气候变化的规划政策》，力求应对气候变化有关的措施落实到土地利用规划上。将气候变化因素纳入区域空间战略，从区域规划层面考虑减少二氧化碳排放，制订明确的碳排放目标；考虑海平面变化、食品危机、热效应下的空间模式，结合气候变化考虑建筑、基础设施以及服务设施配套规划；在提供新的住房、就业、服务、基础设施的过程中，提高资源使用效率，减少碳的排放；考察发展用地区位、现有小汽车数量及建筑密度，以及基础设施的情况，考虑可重复利用低碳的能源供应，大力发展公共交通系统，鼓励提倡自行车和步行，减少不必要的小汽车交通；确保新发展地区的碳的排放适度；提倡新的可持续生活方式；推动公众参与，鼓励社区为气候变化作贡献；鼓励调整经济结构，促进新技术使用；在土地混合使用，能源供应，规划管理策略等方面确保可持续策略的充分体现。同年，英国政府又发表《规划应对气候变化的咨询分析报告》。2008年进一步发表《应对气候变化的规划政策影响评估报告》。

（3）低碳城市规划治理研究

国际实践证明，地方政府是推动低碳产业发展、实现经济和社会发展低碳化的最重要的实施层面。作为城市政策的重要组成部分，城市规划理论的推进同政府治理的制度体系发展紧密相连。传统意义上的城市治理综合考虑了行政管理与政治治理，在提高政府服务能力的前提下适应城市的发展，提倡政府综合管理和协调的地位。与之匹配的系统规划理论和理性过程规划理论成为城市规划的基本模型。随着新自由主义和后现代主义的兴起，新公共管理的概念在1980年代开始盛行。在弹性市场基础上的“小政府”治理观点强调政府功能的收缩，认为公共服务应该由更具效率的私有部门提供。新公共管理改革的内容包括公共服务的私有化，以及企业化的政府管理。与此同时，城市规划理论也开始强调城市中的个体元素，造成了碎化城市化并极大地削弱了政府在城市规划中的影响力。随着全球化和大都市的兴起，全球治理理念的提出使得城市政府治理的权限被整合到更大范围的政府之中。城市规划功能也被提升到更高的管理层面。20世纪以来的新城市主义在提倡步行社区和多样化城市的同时也强调了政府在规划中的重要地位。在应对全球气候变化的过程中，特别是在低碳城市建设的过程中，城市政府的规划能力至关重要，其对应的城市规划的制度框架尤其值得探讨。低碳城市的规划需要关注整体的城市要素，而不是碎化的个人要素；需要尊重城市发展的基础，而不是在不同的城市推行同样的规划理念。

2）基本假设与理论框架

（1）基本假设

①人为二氧化碳排放受社会发展阶段影响。在农业社会，人为二氧化碳排放量不大，主要来自人类需要的居家生活和农业土地利用改变；在工业化阶段，由于以制造业为特征的工业化快速推进城市化进程，以化石燃料为主的能源结构将二氧化碳排放量推至顶端；人类社会进入后工业化阶段，以生产性服务业为主的第三产业成为经济发展的主体，因产业发展的能源需求量大大减少，以追求人居环境质量为主的能源需求量逐渐加大，但认为二氧化碳排放总量会大幅度下降，因生活质量提升需要的人均二氧化碳排放量急剧增加。

②技术发展可以改变能源结构。能源结构随技术发展逐步改变，并朝着人为二氧化碳排放量减少的方向发展。一方面，随着化石燃料资源的逐步枯竭，人为二氧化碳排放将趋于减少；另一方面，随着核聚变技术逐步成熟，可以肯定地说，核能将成为未来人类社会取之不尽，用之不竭的能源。由此可见，从长远看，全球变暖困扰人类社会只是一个相对短期的现象，人类应对这一挑战，发展二氧化碳零排放的能源技术是人类社会破解这一难题的关键，构建减

少二氧化碳排放的低碳社会既是我们的当务之急也是权宜之计。

③集聚分散原理。城市发展受集聚分散原理支配，驱动因子是人口、经济（就业、收入、财政、污染防治）、交通（道路、交通工具、交通管理）和国家层面政策（住房、棚户区整治）。城市社会对城市空间增长存在反馈，多部门、多层次对治理和市民社会的影响。城市规划是综合型规划。

④低碳城市发展是一个系统工程。低碳城市发展是一个系统工程，低碳城市规划理念——低碳城市建设过程——低碳城市运行与治理方式同等重要。城市规划是城市发展政策中重要的组成部门和实践环节。不同的城市发展基础和发展理念在城市规划的体系中也形成了不同的制度保障模式。在低碳城市发展的过程中，尤其需要将低碳城市规划同低碳城市治理的制度框架密切联系。

⑤城市规划作为公共政策的重要环节。不同的城市发展基础和发展理念在城市规划的体系中也形成了不同的制度保障模式。在低碳城市发展的过程中，尤其需要将低碳城市规划同低碳城市治理的制度框架密切联系。由于现有的城市规划制度保障体系缺失影响低碳效果的评价、宣传、强制的因素，所以添加低碳理念后的多目标城市规划需要与之配套革新的执行体制和制度。中国城市具有各自的特点：从沿海到内陆，从北方到南方都存在着不同的城市形态和发展理念，实现低碳城市所需要的制度保证体系也各有不同。

（2）理论框架

中国城市规划从传统的程序规划理论向系统规划理论、理性规划理论转变；从实证主义规划方法论向科学、客观、最佳方案，再向沟通规划的转变。在“物权”和利益集团基础上将有着不同目标和需求的社会群体通过低碳城市规划理念、低碳城市规划指标体系、低碳城市规划方法和低碳城市规划方案的公众参与等实现低碳城市社会“共识”的追求，实现我国低碳城市规划概念框架。

3）规划创新与专项研究

（1）规划创新

城市规划是一种土地和空间资源的配置机制，是政府引导城市发展的重要规制手段。目前我国城市规划体系，是在促进经济发展的基本前提下构建起来的。尽管近年来，城市规划逐渐强调民生、环保等目标，但城市规划理论和指标体系中，没有将能源消耗和温室气体排放等作为限制性要素。据此，应按

“低碳城市”理念创新我国的城市规划的理论和方法体系。

①低碳城市系统构建创新。在中国现有的发展阶段，高速城市化仍旧是不可避免的发展趋势。如何协调城市化与低碳化，就要求城市规划在现有目标上作出调整，在保障城市基本功能和经济稳定发展的大前提下，探索中国现阶段高速城市发展与低碳目标的协调与契合，其碳排放与城市系统耦合关系研究是寻求城市经济、社会、环境等多方面均衡发展的关键。

②大城市地区规划低碳编制技术创新。大城市地区规划低碳编制技术进行相关创新研究：第一，运用高速公路、高速铁路和电信电缆的“流动空间”构建“巨型城市区”；第二，设计多中心、“紧凑型城市”大都市空间结构；第三，通过新的功能性劳动分工组织功能性城市区域；第四，避免重复的城市空间功能区。

③城市总体规划低碳编制技术创新。城市总体结构方面的低碳对策无外乎减少碳排放对策和增加城市地区自然固碳效果两个方面。可以从城市整体的形态构成、土地利用模式、综合交通体系模式、基础设施建设以及固碳措施等几个方面来考虑。其一，低碳城市整体形态研究。可以重新对连片发展的城市形态（摊大饼）、带形城市以及组团城市在减少碳排放方面的特征进行评估，从而得出不同于以往的建设性结论。比如，或许以往备受指责的连片发展的城市形态在减少碳排放方面有其优势。其二，低碳城市土地利用形式和结构研究。可重新探讨并评估不同用途的组合，以及不同强度的土地利用对减少碳排放所能带来的影响。其三，低碳城市道路系统规划研究。具体可包括交通体系与土地利用模式的相互配合（比如 TOD）、大力发展公共交通、轨道交通以及建设多种选择的交通系统（机动与非机动可选交通）等方面。

④详细规划与城市设计低碳编辑技术创新。由于城市中不同地区的功能、开发建设强度、建筑——空间形态等方面有着较大的差别，因此，在城市总体规划阶段对城市形态、土地利用，交通系统进行整体研究的基础上，还应针对城市中功能相对集中的地区分别进行有针对性的研究，弄清楚各类地区在详细规划以及城市设计方面可以实施的减少碳排放的规划设计技术对策和实际效果。主要包括：其一，产业园区规划与设计低碳编制技术研究。可结合案例，重点分析不同类型产业集中布局用地中的减碳详细规划对策，例如：能源集中供给、利用园区绿化进行汇碳，以及回收装置的集中利用等。其二，CBD 规

划与设计低碳编制技术研究。中央商务区是城市中人类活动最为集中的地区，通常也是开发建设强度高、能源消耗大的地区。通过合理组织不同功能的用地和建筑物布局，控制适当的开发强度，并针对不同情况采用能源集中供给、区内能源再利用、绿化汇碳以及采用绿色建筑技术等手段达到综合降低碳排放的目的。其三，生活居住社区规划与设计低碳编制技术研究。生活居住区是城市中碳排放较为集中的另一大区域。生活居住区的低碳对策可以从建立新型生活模式以及采用相适应的空间组织等方面开展。由于不同密度和类型的生活居住区可采用的减少碳排放的技术手段不同，因此，对不同类型的居住区可采取不同的规划对策。例如，对于密度较高的以集合住宅为主的生活居住区来说，加强能源的统一供给，采用可选择的交通模式以及利于节能的建筑形态应该是可采用的主要规划设计手段；而对于密度相对较低的联排式住宅以及独立式住宅而言，充分利用较大的建筑物与自然接触的面积，通过对太阳能、风能等自然能源的采集利用，提高能源自给自足的比例，甚至是完全自足，则是其主要的发展方向。

（2）专项研究

①低碳城市生活模式研究。低碳城市的生活模式是低碳城市规划的重要组成部分。我国当前正处于经济增长、产业转型和快速城市化阶段，可以预计，我国城市中居民生活的能耗和碳排放问题将愈加突出，将低碳居民生活模式纳入城市规划体系非常必要。主要进行如下研究：其一，低碳生活行为规律研究。关注居住与产业、基础设施的关联性，例如人口总量和结构、土地利用的空间布局（居住用地布局以及与产业和基础设施用地的空间关系）、居住用地的密度、建筑容量、小区规划等，分析这些因素与居民生活模式和行为的关联关系，进而找到城市规划对居民生活碳排放的影响机制。其二，低碳生活消费模式研究。以低能耗为主的大众消费研究，如使用先进的与合适的器具；减少器具的初始成本并提高效用；以季节性、安全、低碳的当地食物为烹饪原料，提高地方性的季节性食物供应。其三，碳预算生活方式研究。按照未来碳生产率水平设计未来城市人口的生活方式（吃、住、行、用、娱）。

②低碳城市产业系统研究。我国城市碳排放量最大的行业是黑色金属冶炼及压延加工业、化学原料及化学制品制造业、电力煤气及水生产供应业、采掘业、石油加工及炼焦业。以下三个方面值得重点关注：其一，产业结构调整与

升级研究。实现低碳城市，首先必须对涉及电力、交通、建筑、冶金、化工、石化等高碳行业减排，按照低投入、低消耗、高产出、高效率、低排放，可循环和可持续的原则，实行循环经济和清洁生产。其二，低碳城市循环经济静脉产业体系研究。将城市经济活动组成一个“资源－产品－再生资源”的反馈式流程，其特征是低开采、高利用、低排放，所有的物质和能源在经济和社会活动的全过程中不断进行循环，并得到合理和持久的利用，以把经济活动对环境的影响降低到最低程度。其三，低碳城市清洁生产中碳排放研究。从资源的开采、产品的生产、产品的使用和废弃物处置的全过程中，最大限度地提高资源和能源的利用率，最大限度地减少它们的消耗和污染物的产生。城市规划主要是建立并经营低碳市场的企业，强调能源效率建设低碳、高附加值的产品和服务系统，遏制高耗能行业，工业实现全面的高效清洁生产。

③低碳城市能源系统规划研究。低碳城市的公共设施规划尤其注重低碳能源系统规划研究，主要包括：其一，脱碳能源系统规划研究。例如规划城市在大规模开发先进核电系统、可再生能源（风能、太阳能、水电、生物能、地热能、潮汐能和其他）利用，以及开发完全不生产碳排放的氢气发电或发展以生物量为基础的能源供应系统（如工业化沼气、生物燃料，以玉米、甘蔗、甜菜为原料制造的乙醇燃料，以油菜籽、大豆为原料制造的生物柴油）的可行性研究。其二，低碳能源系统规划研究。例如规划城市的天然气、燃料电池等系统规划研究。其三，固碳能源系统规划研究。例如规划城市的二氧化碳捕获与封存设备规划布局、整体煤气化联合循环（LGCC）系统、先进洁净煤技术利用等对城市空间需求和影响的研究。其四，低碳城市交通与物流系统规划研究。

④低碳城市交通系统研究：其一，慢速交通系统：步行和自行车交通系统。其二，公共交通系统：公共汽车每百千米的人均能耗只是小汽车的8.4%、电车的3.4%~4.0%、地铁的5.0%。全球范围内，每年因道路交通排放的温室气体占排放总量的25%。其三，高效高速交通系统：快速轨道（轻轨和地铁）交通。其四，限制城市私家车作为交通工具。规定私人汽车碳排放标准。低碳物流系统研究：发展减排物流路线，提高物流效率；规划网络式的无缝物流系统；构建物流系统与供应链的无缝管理。

⑤低碳城市扩大碳汇系统研究。碳汇是指由绿色植物通过光合作用吸收固

定大气中二氧化碳，通过土地利用调整和林业措施将大气中的温室气体储存于生物碳库。森林、草地和湿地系统是我国城市碳汇的主体。其一，低碳化园林生态研究。根据不同的森林类型不同的固碳潜力，按照生态效益、经济效益、固碳效益配置城市郊野森林生态系统、城市公园森林系统和道路林网系统。其二，低碳化湿地景观系统研究。一般地说，湿地系统的二氧化碳排放量大于吸收量，因此，应尽量避免规划大面积的城市湿地空间。由于气候变化影响，未来淡水资源短缺预计会更加严重。在低碳城市规划时，尽量将水源地保护与湿地系统相结合。

6.3.2　低碳城市发展规划方法

（1）规划方法

低碳城市规划是实现低碳城市发展的关键技术之一。用城市规划和设计手段降低城市碳排放的技术方法有：①城市空间低碳优化布局方法。提高城市运行效率，以空间规划策略应对气候转变。以低碳理念指导城市规划编制，包括城市功能分区合理布局，加强土地的节约集约化利用，推行“紧凑型”城市规划和建设模式，加大植树造林，扩大城市碳汇系统。②整合交通规划方法。进行低碳化城市交通体系整合，推行大运量快速交通体系，实现低碳化交通出行，整体上实现城市交通运输节能减排，构建低碳化交通体系。③低碳城市更新方法。在城市更新中纳入低碳原则，复修现有城市资源，将城市更新改造、历史文化保护和城市资源整合作为一个系统工程。④低碳化社区设计方法。社区是城市中的基本构成单元，探索低碳社区设计方法，推进建筑节能，用低碳理念指导建筑设计，应用绿色节能建筑技术推进建筑设计与太阳能光电产品的结合等。

（2）指标体系

城市规划也是在一定的经济和社会目标下对城市空间结构的引导和安排，具体反映在对城市人口规模、建设用地（产业用地、居住用地、城市基础设施用地）的布局、用地混合方式、建筑密度等一系列指标的设定。城市低碳规划试图通过低碳城市规划顶点，在国家城市规划技术标准基础上增加低碳城市规划技术指标。

低碳城市的衡量评价将识别城市在低碳建设过程中的优势和不足，为城市更好地应对气候变化提供指南。现有的低碳评估大多针对宏观的国家层面，或是微观的企业和家庭层面。例如，国际非营利环境组织和欧洲气候行动网络于2006年共同提出了气候变化表现指数（CCPI），从排放趋势（权重为50%）、排放水平（权重为30%）和气候政策（权重为20%）这三个方面对国家的气候变化表现进行评估。但CCPI不包括土地利用变化引起的二氧化碳排放量，主要由于这方面的数据资料还不完备。研究表明，土地利用变化，特别是森林砍伐，产生的二氧化碳量至少占全球排放总量的20%。因此，国家温室气体排放量数据的缺失会严重地影响CCPI的有效性。

2009年，中国社科院发布低碳城市评估指标体系，具体包括低碳生产力、低碳消费、低碳资源和低碳政策等四大类共12个相对指标。生产力包括单位能源和单位碳排放产出；能源消费包括人均和人均家庭消费矿物能或化学能排放；再生资源包括低碳能源比例、单位能源消费碳排放、森林覆盖率三个指标；政策包括现有低碳发展政策和规划、法律法规的实施成效，以及公众是认识水平。该指标体系在吉林市得到了初步应用。

但总地来说，目前尚未有统一的低碳城市评估标准。低碳经济作为一种绿色、可持续发展的经济形态，对其进行综合评价，应该使用多指标综合评价，即从多个角度选取不同的指标反映不同的侧面，然后综合起来反映整体状况。[44]

6.3.3 低碳城市发展规划工具

目前常见的低碳城市规划一般包括五个步骤：第一步是城市温室气体排放清单的制订。该步骤可以按照目前被普遍认可的温室气体核算标准提供的方法完成。第二步是温室气体减排目标的制订与分解。制订目标包括确定目标的种类和目标的大小选择。在制订目标之前，通常需要先建立温室气体排放的基准情景，并基于未来能源需求进行温室气体排放情景分析，从而制订出合理可行的目标。第三步是政策机制的选择，识别合适的低碳方案。各省市可以选择不同针对性的政策机制（行动方案）来帮助实现自己的目标。具体的低碳方案选择步骤如下：首先对可能的政策和行动进行严格的评审，量化估计政策的减排量和成本；然后，选出一些可能的行动进行更为详细的量化分析，这部分可以与情景分析紧密结合，该步骤不仅要考虑每个行业的发展，同时也应考虑来自研究机构、社区、商业和政府的意见。第四步是政策实施机制。在政府和企业中应该通过制订时间规划表、采取负责人制度、分配预算和人员等措施来实施行动方案。第五步是制订监测、上报和验证计划。低碳城市规划制定以后，还需要配合有效的碳管理手段来保证城市温室气体的减排效果。

1）碳核算方法

城市碳排放核算有利于各城市掌握自身碳排放现状和特点，从而更好地采取减排措施。

（1）《国际地方政府温室气体排放分析议定书》

截至 2008 年年底，城市人口占世界总人口的一半以上，消费了世界总能耗的 2/3，温室气体排放占全球总量的 70% 左右。在城市层面上，国际地方环境行动委员会于 2009 年发布了《国际地方政府温室气体排放分析议定书》。该议定书依据“组织边界”和“地理边界”分别提出了基于政府资产和服务的政府部门温室气体清查方法和基于社区（城市）地理范围内的社区温室气体排放清查方法。目前已有 1104 个城市和地方政府加入了国际地方环境行动委员会，其中包括纽约、伦敦和东京等国际大都市。《国际地方政府温室气体排放分析议定书》提出，城市能源温室气体清查包括了城市管辖范围内的各类温室气体排放源。为了避免重复计算和误解，国际地方环境行动委员会将能源活动产生的温室气体排放范围分成了三类：范围①主要是城市地理边界内所有直接温室气体排放源，不包括生物质燃烧产生的排放。范围②是由城市地理边界内活动引起的间接排放，间接排放指的是能源消费发生在报告实体的边界内，但生产这一能源而排放的温室气体却发生在另一实体内。这类排放仅限于购买的电力，区域供热、供气、供冷等引起的排放。范围③是由城市地理边界内活动引起的其他间接温室气体排放的内涵能源排放，也包括城市间水运和航运产生的温室气体排放。范围③内的温室气体排放量一般只需披露，而不算在城市能源温室气体排放总量中。此外，《国际地方政府温室气体排放分析议定书》还要求在信息备注项中披露“生物燃料引起的排放和其他未核算的但却有利于理解城市能源利用状况和气候变化影响的信息”。

为了让各城市能够准确计算温室气候排放总量，并了解城市各部门温室气体排放特征，《国际地方政府温室气体排放分析议定书》草案对城市用能部门进行了分类。根据 IPCC 的部门分类法，城市能源温室气体排放总量等于范围

①和范围②内的固定源燃烧、移动源燃烧和溢散排放的温室气体总量；根据ICLEI的部门分类法，城市能源温室气体排放总量等于范围①和范围②内在住宅、商业、工业、交通和其他部门的温室气体排放总量。城市范围内与能源相关的溢散排放主要来自城市石油和天然气系统，包括石油提炼、石油天然气输配等过程中的溢散排放。通常来说，这部分的排放量占整个能源部门温室气体排放总量的比重非常小，如2005～2008年纽约市天然气输配过程中的甲烷排放量仅占其能源温室气体排放总量的0.1%左右。因此城市能源温室气体排放总量可以近似看成是城市固定源燃烧和移动源燃烧产生的温室气体排放总量，即约等于城市住宅、商业、工业和交通这四个终端用能部门的温室气体排放总量。若缺乏更详细的数据资料，可以采用下面的公式对能源燃烧引起的温室气体排放进行计算：温室气体排放量=燃料消费量×温室气体排放因子。根据上述公式可知，确定燃料消费量和相应的温室气体排放因子是核算能源温室气体排放的关键。基本的燃料消费量数据可以从国家能源平衡表中获得，更详细的数据则需要由政府部门对能源供应部门和具体的用能机构进行详细调查后才能获得。燃料的排放因子通常可以通过如下渠道获得：国家政府机构、地方政府机构、国际机构（如IPCC方法一中给出的各类能源的排放因子）、大学和其他研究机构、非政府组织、公司和工业部门的报告。

《国际地方政府温室气体排放分析议定书》中指出当无法获得更可靠的排放因子时，可采用“IPCC方法一”中推荐的各类能源排放因子缺省值进行计算。但是IPCC并未给出电力和热力排放因子的推荐值，这是因为电力和热力排放因子会随着能源消费种类的变化而发生改变，因此需要根据实际的电力和热力生产情况进行计算得到。《国际地方政府温室气体排放分析议定书》对热力和电力排放系数的计算方法进行了介绍，归纳如下：计算各发电（供热）部门为生产城市终端部门（包括住宅、工业、商业和交通）所需电力（热力）而使用的各种燃料数量；确定不同燃料的温室气体排放因子，根据前面的公式计算得到不同燃料的温室气体排放量；对不同燃料的温室气体排放量进行加总，得到终端部门用电（热）的温室气体排放总量；计算城市平均电力（热力）温室气体排放因子：将电力（热力）温室气体排放总量除以城市终端部门用电（用热）总量即可得到平均电力（热力）温室气体排放因子。

综上，只需获得住宅、工业、商业和交通部门燃料的使用情况以及各类燃料的排放因子，即可算出各类燃料的排放因子、各分终端用能部门的温室气体排放量，加总得到近似的城市能源温室气体排放总量。根据《2006年国家温室气体清单编制指南》，上述介绍的简化算法对于估算二氧化碳排放量具有较高的准确性，对于甲烷和氧化亚氮等非二氧化碳温室气体排放量的估算则准确性较低，这是由于这类温室气体排放量取决于诸如技术、维护等通常不为人所熟知的众多因素，因此在数据有限的情况下很难对其进行准确核算。

（2）温室气体核算体系——企业核算与报告准则

《温室气体核算体系企业核算与报告准则》于2001年由世界资源研究所与世界可持续发展工商理事会共同发布，得到全球许多企业、非政府组织和政府的广泛认可与采纳。此准则为制作温室气体清单的公司和其他类型的组织提供了准则和指导，包括《京都议定书》发布的六种温室气体核算与报告——二氧化碳、甲烷、氧化亚氮、氢氟氮化物、全氟化碳和六氟化硫。2006年，国际标准化组织采纳了以上准则，制定了《ISO14061－1组织层次上对温室气体排放和清除的量化和报告的规范及指南》。《温室气体核算体系企业核算与报告准则》是本着下列目标设计的：帮助公司运用标准方法和原则作反映真实排放量的温室气体清单；简化温室气体清单的编制并降低费用；为企业提供信息，用于制订管理和减少温室气体排放的有效策略；提供参与自愿性和强制性温室气体计划的信息；提高不同公司和温室气体计划之间温室气体核算与报告的一致性和透明性。这套准则主要是从制作温室气体清单的企业的角度编写的，但它同样适用于其他类型的组织，如非政府组织、政府机构和大学等。此准则不偏向任何计划或政策，但目前的许多温室气体计划将其用作自己的核算与报告要求，因此它与大多数计划是兼容的，其中包括自愿性温室气体减排计划，如世界自然基金会的气候保护者和美国环境保护局的气候领导者；温室气体登记机构，如加利福尼亚气候行动登记处；温室气体贸易计划，如英国排放贸易体系以及欧盟温室气体排放许可权贸易体系等。

主要核算步骤：第一步：设定组织边界。企业运营的法律和组织结构各不相同，包括全资业务、法人与非法合资、子公司和其他形式。为了进行财务核算，要根据组织结构以及各方之间的关系按照既定的规则进行处理。公司在设定其组织边界时，先选择一种合并温室气体排放量的方法，然后采用与选定的方法一致的界定构成这家公司的业务和运营单位，从而核算并报告温室气体排放量。企业可以采用两种不同的方法合并温室气体排放量：“股权比例”和“控制权法”。第二步：设定运营边界。一家公司确定其持有或控制的业务的组织边界后，接着需要设定其运行边界。这要求确认业务的排放量，将其分类为直接与间接排放，并选择直接排放的核算与报告范围。“直接温室气体排放”是公司持有或控制的排放源的排放量，而“间接温室气体排放”是公司的活动导致的，但出现在其他公司持有或控制的排放源。第三步：确认与计算温室气体排放量。公司在确定运营边界后，一般采取以下步骤计算温室气体排放量：确认温室气体排放量——选择温室气体排放量计算方法——收集活动数据和选择排放系数——选用计算工具——将温室气体数据汇总到公司一级。第四步：跟踪长期排放量。公司必须跟踪长期排放量以实现多种商业目标，例如公开报告、确定温室气体目标、管理风险与机会以及满足投资者和其他利益关系人的需要等。为确保能对不同时间的排放量进行有意义的并一致的比较，公司必须设定一个业绩基准点，据此比较当前的排放量。这个业绩基准点被称作“基准年排放量”。为了更一致地跟踪长期排放量，应当在公司发生收购、资产剥离和合并等重大结构性变化时重新计算基准年排放量。第五步：报告温室气体排放量。根据《温室气体核算体系企业标准》制作的公开温室气体报告，应当包括以下信息：公司说明：组织边界、合并方法、运营边界、报告涵盖的期间；排放信息：总排放量、各个范围的排放数据、以公吨二氧化碳当量为单位的全部六种温室气体的排放量、基准年以及长期排放情况、引起基准年排放量重算的情况、生物隔离碳的直接排放数据（生物燃料）在各范围以外单独报告、计算方法以及任何排除在外的排放源或业务。选择信息：排放活动与数据等。

（3）城市形态快速评估模型

城市化带来了能源使用的转变。在城市里，人们主要使用商业能源（如电力、天然气、液化石油气和煤等），对于非商业能源（如生物质、木柴等）的依赖远远低于乡村。此外，城市拥有大量基础设施用以生产和提供这些商业能源。

城市能源消费的主要驱动者归根结底是当地的居民，包括市民为了照明、炊事和其他家庭活动而直接消费的能源，以及为了满足市民生活、工作、购物和其他服务需求而建立住宅、办公室、零售商店、政府机构、学校、医院和其他建筑物所间接耗用的能源。此外，城市基础设施（如铺设区域、道路、公共交通、城市供水和废弃物处理等）也是为了满足家庭需求而建设的。最后，市民还会购买食物、服装、电器、车辆（如自行车和私家车）和参加娱乐项目。这些都会间接增大能源生产和供应的需求。在城市能源消费分析中，往往会忽略间接能耗或内涵能源，然而这些能耗对于城市排放有着巨大的贡献。例如一个典型的公寓楼通常由水泥、钢材、墙板、玻璃、铝和其他建筑材料组成。这些材料的制造商属于高能耗密度行业，是中国最主要的二氧化碳排放源。因此，一个城市实际的总能耗和碳足迹通常都远远高于城市报告中基于直接能用消费分析计算得到的能耗和碳排放数据。

城市形态的快速评估模型提供了一个快速计算城市居民直接能耗和间接能耗的方法。该模型是“城市形态分析”工具或单一建筑类型（如超大住宅）能耗和排放影响分析的简化和延伸。通过将分析范围拓展到整个城市，模型可以使政策制定者快速理解城市直接和间接能耗的来源和规模，从而帮助他们对旨在减少城市排放的项目进行指导。

模型的数据输入主要分为四大块：城市总体描述、居民收入与支出、房屋、基础设施和交通。由于当地的制冷和取暖需求因气候条件而异，因此每个省被分类到不同的气候带，然后对每个气候带上制冷和取暖的典型用途进行修正。收入和支出数据输入格式与国家统计局使用的一致，使用了标准化的分类方式。如果缺少相关数据，也允许选择模型中的默认参数值（取中国平均值）填入相应表格中。

在房屋方面，模型主要基于商业和住宅房屋的既有建筑面积对内涵能源进行计算。如果可以将建筑面积按照房屋类型进行划分，例如，零售商店、酒店、学校、医院、办公楼、低住宅楼和高住宅楼，模型计算结果将更加精确。若无法获得上述数据，则可以输入默认参数值。

在基础设施和交通方面，模型所需数据包括城市区域的路面面积以及地铁、轻轨或城市高速铁路系统的轨道长度。此外，供水和废弃物管理方面的数据录入可用于计算城市中输水所耗能源和填埋场中的甲烷排放量（需转化为二氧化碳当量）。

其他交通模式包括出租车、轿车、摩托车、电瓶车和公共汽车。如无法获得车辆的年行驶距离，则可以使用默认的参数值（国家平均值）。由于缺乏相应数据，因此目前城市间卡车的货物运输尚未包括在内。

模型计算结果可以以表格和图片这两种形式输出，其中直接能耗、间接能耗（内涵能源）及相应的排放量将被单独显示出来。通过识别能源消费和碳排放的来源及特征，政策制定者可以分别衡量针对“上游”部门（如房屋建设）和“下游”部门（如照明、制冷和驾驶）制定的政策所产生的影响。通过增加建筑的平均寿命，采用更严格的建筑要求或分区规定，城市每年的内涵能源排放可以减少25%。该模型还可以评估家庭财富增加对商品和服务消费的影响以及由此产生的内涵碳排放。其他的应用还包括评估基础设施建设的影响，如由于建设地铁系统每年额外增加的碳排放规模以及对由于减少驾驶而削减的碳排放量的抵消情况。对于新建或扩建的城市区域，该模型可以用来评估新增房屋、道路、基础设施、水耗和废弃物管理产生的影响。在广泛的层面上，该模型产生的数据可以帮助探讨“绿色城市”或“低碳城市”的组成内容。此外，该模型也有助于加深人们对内涵能源计算需求的认识，即城市不仅需要考虑直接能耗，同样需要考虑内涵能源。

（4）碳汇核算方法

碳汇一般是指空气中清除二氧化碳的过程、活动和机制。一个城市的碳汇能力大小表明了该城市对缓解气候变化的贡献。地球上共有四大碳库类型，包括：①大气碳库，其中的碳多以二氧化碳、甲烷及其他含碳气体分子的形式存在；②海洋碳库，包括海洋中溶解碳、颗粒碳，海洋生物体中含有的有机碳，以及赋存于海洋碳酸盐岩等沉积物中的碳；③岩石圈碳库，主要存在于碳酸岩和黑色岩系，如煤、油页岩等沉积物中的碳；④陆地生态系统碳库，包含了植被碳库和土壤碳库，也可按生态类型分成农田、森林、草地、湿地等生态系统碳库。

四大碳库之间的碳是相互交换流通的，这种交换作用过程就构成了地球表层系统碳循环。其中陆地生态系统是受人类活动影响最大的碳库类型，而森林则是陆地生态系统中主要碳汇类型之一。有关资料表明，森林面积虽然只占陆地总面积的1/3，但森林植被区的碳储量几乎占到了陆地碳库总量的一半。树木通过光合作用吸收了大气中大量的二氧化碳，减缓了温室效应，这就是通常所说的森林碳汇作用。二氧化碳是林木生长的重要营养物质，在光能作用下被转变为糖、氧气和有机物，为生物界提供枝叶、茎根、果实和种子。这一转化过程就是森林的固碳过程。森林是二氧化碳的吸收器、贮存库和缓冲器，但是一旦遭到破坏，森林则变成二氧化碳的排放源。

2）碳排放预测与目标设定

（1）结构分解方法

为了制定减少碳排放的能源和经济发展政策，需要综合分析各种驱动力及其发展变化。通常认为决定碳排放的主要因素是人口、工业结构和技术、经济发展以及能源结构等。例如，在IPCC报告中，就引用了广泛使用的Kaya恒等式。Kaya恒等式由日本学者Yoichi Kaya提出，表达式为 $F = P * (G/P) * (E/G) * (F/E)$。其中，$F$ 是碳排放量，P 是人口，G 是国内生产总值（GDP），E 是能源消费总量。Kaya恒等式把碳排放分解为人口、单位人口经济发展（$g = G/P$）、单位GDP能耗（$e = E/G$），以及碳排放强度（$f = F/E$）的乘积。

Kaya恒等式具有十分重要的意义，它说明了碳排放的主要影响因素（驱动力）是人口、单位人口经济增长、单位GDP能耗（含各工业部门的技术进步）和碳强度（能源结构）；同时也说明，碳排放和这四个因素的函数关系，是乘积的关系。

Kaya恒等式在分析驱动力的变化情况时十分有用，如在IPCC第四次评估的第三组报告中，运用该式分析了从1970年到2004年全球碳排放各个驱动因素的变化情况。该研究以1970年数值为标准（1.0），分析了人口、经济发展（用GDP－ppp－实际购买力代表）、能量消耗（TPES）、二氧化碳排放量、单位人口经济增长、单位GDP能耗、能源碳强度和单位经济增长碳排放强度的变化。我国承诺到2020年，单位经济发展碳排放强度相对2007年减少40%～45%。人口与经济增长是碳排放的最大驱动因子。虽然单位GDP能耗和能源碳强度持续降低，但是不足以抵消人口与经济增长带来的碳排放增长效应。因此，未来要实现碳排放总量控制，必须实现单位GDP能耗和能源碳强度下降速度高于人口和经济增长速度。

综上，Kaya恒等式对我国各地分析碳排放的驱动力，有十分重要的价值。

（2）情景分析方法

①概况。基于“情景”的“情景分析法”是在对经济、产业或技术的重大演变提出各种关键假设的基础上，通过对未来详细地、严密地推理和描述来

构想未来各种可能的方案。在情景分析过程中要注意考虑各种要素的相互关系和相互作用。情景分析中所用的情景通常包括基准情景、最好的情景和最坏的情景。情景分析法的最大优势是使管理者能发现未来变化的某些趋势和避免两个最常见的决策错误，即过高或过低估计未来的变化及其影响。能源活动是温室气体排放的最主要原因，对气候变化的影响涉及较长时间尺度且具有很大不确定性。研究能源领域的减缓气候变化对策时，不仅要考虑未来最可能的能源发展趋势，更要研究改变这种趋势的各种可能性及实现不同的可能性所需要的条件。在进行这方面的研究时，人们比较熟悉的预测研究方法因其所存在的局限性而难以胜任，需要借助于情景分析的方法。

情景分析的基本步骤为：第一步，明确决策焦点。明确所要决策的内容项目，以凝聚情景发展的焦点。管理者的注意力必须集中在有限的几个最重要的问题上。既然情景分析法是一门预测未来动荡环境的重要技术，焦点问题必须难以预测，带有一定的不确定性，会产生不同的结果，如果问题十分重要但结果是能够确定的，则不能作为焦点。第二步，识别关键因素。确认所有影响决策成功的关键因素，即直接影响决策的外在环境因素。第三步，分析外在驱动力量。确认重要的外在驱动力量，包括政治、经济、社会、技术各层面，以判断关键决策因素的未来状态。某些驱动因素如人口、文化价值等不能改变，但至少应将它们识别出来。第四步，选择不确定的轴向。将驱动力量以冲击水平程度与不确定程度按高、中、低加以归类。在属于高冲击水平、高不确定的驱动力量群组中，选出两到三个相关构面，称之为不确定轴面，将其作为情景内容的主体构架，进而发展出情景逻辑。第五步，发展情景逻辑。选定两到三个情景，这些情景包括所有的焦点。针对各个情景进行各细节的描绘，并对情景本身赋予血肉，把故事梗概完善为剧本。情景的数量不宜过多，实践证明，管理者所能应对的情景最大数目是三个。第六步，分析情景的内容。可以通过角色试演的方法来检验情景的一致性，这些角色包括政府、企业、公众等。通过这一步骤，管理者可以就各自的观点进行辩论并达成一致意见，更重要的是管理者可以看到在未来环境里各角色可能做出的反应，最后认定各情景在管理决策上的含义。

②长期能源替代规划模型（LEAP）。长期能源替代规划模型是由瑞典斯德哥尔摩环境研究所开发的软件系统，用以计算分析可替代能源计划、技术和能

源项目可能造成的物理、经济和环境的影响，包括温室气体排放情况。LEAP含有技术数据库和环境数据库，能够提供大量能源技术，包括已有技术、当前最佳技术以及下一代能源技术的特性、费用和环境影响。LEAP是一个由终端驱动的情景分析工具。LEAP模型主要特点如下：一是LEAP模型作为“自下而上”的能源-环境模型，可以用于计算能源消费需求和由此引起的污染排放。二是LEAP模型具有强大的情景管理系统。LEAP模型的核心为情景分析方法，可以帮助创建反应各种问题的情景。三是LEAP模型具有灵活的建模结构。LEAP模型不仅能够自由地构建从城市、国家到区域的不同空间尺度的能源系统模型，还可以让研究者根据所研究问题的特点和数据的可获得性情况，选择输入数据的形式和数量，而不像一些模型（如CGE模型）具有严格的数据输入要求，缺少一些数据就不能运算。四是LEAP模型具有高透明度。LEAP模型的建模方法采用的是简单的“核算框架”。该框架可以追踪各行各业的能源消耗和生产情况，便于利益相关者理解使用该系统涉及的原理和计算过程。五是LEAP模型已被广泛应用。在过去的20年中，已有60多个国家应用LEAP模型进行了地区、国家和区域的能源战略研究和温室气体减排评价，该模型也曾多次应用于对中国能源碳排放趋势的情景模拟。

虽然LEAP模型具有上述多种优点，但是其也有一定的局限性，如LEAP模型很难反映在不同的经济增长速度、能源结构和技术构成条件下各经济部门之间的相互影响和相互作用。

③城市绿色资源和能源评价工具（GREAT）近年来，美国劳伦斯伯克利国家实验室在对终端使用技术渗透水平和其他能源需求驱动因子评价的基础上，应用LEAP模型开发出了一套详细而复杂的模型——城市绿色资源和能源评价工具（GREAT），可以用于评估温室气体减排政策中，能效提高、产业结构调整和碳中和能源供应等对中国低碳化转型的贡献。该模型所需数据通过当地已有的统计数据和简单的数据搜集工作即可获得，该简化模型并不需要详细划分车辆类型或刻画不同的加热和烹饪技术，只需使用城市整体的平均/总体加热强度和燃料结构数据。当然如果拥有更详细的数据资料，该模型同样可以进行细致的刻画。总而言之，该模型中绝大多数计算都是基于当地的平均表现，通过简单的假设来完成。GREAT模型可以帮助地方政府实现如下目标：第一，开发温室气体排放清单。根据温室气体排放清单即可知道不同排放源排

碳量的比重。只有在对温室气体排放源有所了解的基础上，才能更有针对性地选择有效的政策机制。第二，地方政府可以基于减排潜力分析和情景分析制订总体目标、减排目标并给出承诺。第三，地方政府可以选择政策机制（“行动计划”）来帮助实现设定的目标。模型可以帮助政府识别不同措施的减排潜力。减排潜力与当地情况有关，如基准清单、现有建筑的综合效率等。减排总成本和单位减排成本也都与当地的具体情况息息相关，如能源定价、可再生能源资源禀赋等。第四，制订好行动计划后就可以开始实施选定的政策。当地政府可以设定相应的时间表、责任方、预算分配、政府和企业员工等信息来指导政策的实施。最后，需要建立监测体系对项目进展进行跟踪，包括报告和认证。跟踪项目进展并对已取得的成果进行评估对于确保总体目标的成功实现是非常重要的。

GREAT 工具可以帮助地方政府寻找和识别潜在的节能减排机会，并创建相应的低碳发展行动计划。然而，如果要对复杂战略进行测试或在更详细的终端使用和计划层面上对节能减排潜力进行评估，则需要运用更复杂的模型来帮助创建具体的实施计划或进行成本效益分析。

3）低碳方案识别——快速评估框架

当前全球约有一半的人口在城市中生活和工作，消费了大约 2/3 的能源并排放了大量的温室气体。可见，城市化石燃料燃烧排放的温室气体很可能增加全球遭遇气候风险的可能性，进而逐步破坏以能源消费和城市化为基础的发展历程。因此，城市管理体系必须包括全面的节能措施，并认清以碳基燃料为基础的城市化进程对环境的影响。在此背景下，世界银行“能源部门管理援助计划”于 2008 年发起了“节能型城市倡议”，旨在帮助城市寻找既不牺牲社会经济的发展，又能降低能源强度的双赢解决方案。“节能型城市倡议”目前提供如下分析服务：①“快速评估框架”（RAF），该工具能对城市能源使用情况作出快速和初步的分部门分析；②公共能源服务采购指南，特别是节约能源绩效合同；③节能型城市评估工具和基于各种低碳、碳中和优良做法的实践标杆；④发展中国家主流建筑节能法规的最新经验教训；⑤发展中国家节能指标最佳实践。其中，“快速评估框架”是由“能源部门管理援助计划”直接支持开发的分析工具，该评估框架可以帮助城市识别具有显著节能潜力的优先领域，并推荐合适的能效措施。

RAF是一款简单易学的、低成本的、用户友好型软件。它涵盖了6个部门的效能诊断，包括：交通、建筑、水和废水、公共照明、固体废弃物以及电力和热力，并适用于各种社会经济背景。RAF共有三个组成部分，即城市能源对标工具；具有最大节能潜力的优先领域识别方法；正在试点和已经验证的能效提高措施建议书，该工具书中包括了59个跨6个部门的城市行政管理的建议。从数据搜集到城市最终报告的形成，大约需要3个月的时间，共分为3个阶段。第一个阶段是准备期，在这一阶段需要搜集与城市能源相关的各类数据，并将这些数据输入RAF对标工具中，与工具中已有的关键绩效指标的参数值进行比对，从而对城市的能效现状进行评估。RAF对标工具共有覆盖6个部门的28个关键绩效指标。这些指数的参数值来自54个不同人口规模、气候条件和富裕程度的样本城市，共691个数据点，其中每个关键绩效指标不少于8个数据点。这一对标过程可以帮助城市了解各部门的能效表现。一个城市可能在某个领域表现良好，而另一个领域的能效则需要提高。

第二阶段是任务实施阶段。在这一阶段，将会召开一系列会议和访谈，并进一步搜集城市各部门的相关数据，以加强对标结果的准确性和可靠性。然后，识别具有最大技术节能潜力的部门。针对城市当局具有掌控力或影响力的领域，进一步评估建议措施的能源成本并加以考虑。最终，将筛选出的两三个部门进行详细的评估和讨论。例如，在菲律宾奎松市，综合考虑了能效改进潜力、能源使用比重和城市控制力等因素后，最终选定了交通、公共照明和建筑部门进行更详细的评估。最后，在识别出的优先领域，对可能的措施建议进行调研和评估。RAF包含了一本覆盖60多种实用且有效的能效提高建议的工具书，例如，组织管理：能效责任工作组，能效采购；交通：城市拥挤区交通限制，市公共汽车车队维护；废弃物：废弃物管理搬运效率计划；水：泵更换计划；电力和热力：建筑物太阳能热水计划；公共照明：交通灯的LED灯更换计划；建筑：照明改造计划。对于每个针对节能优先部门的措施建议，都会基于主要的数据信息（如体制要求、能源节约潜力和多重效益等）对其进行定性和定量评估。在参考了实施方案、案例研究、参考工具和最佳实践后，一些节能建议将被筛选出来。奎松市RAF工具试点结果显示在建议筛选过程中，定量方法对于识别具有最佳节能潜力的措施建议是非常必要的。此外，对城市的背景分析也相当关键，可以确保采纳的建议是适合特定地方的。

第三个是任务收尾阶段，需要提交城市最终报告。报告内容包括城市背景介绍、城市对标分析结果、城市评估过程、措施建议和草拟的实施战略。城市最终报告旨在促使城市在特定结构和资源等背景下，采纳结构合理、逻辑明晰的措施建议，实现城市节能量的最大化。

4）地理信息系统（GIS）

地理信息系统以地理空间为基础，采用地理模型分析方法，实施提供多种空间和动态的地理信息，是一种为地理研究和地理决策服务的计算机技术系统。地理信息系统用于分析和处理在一定地理区域内分布的各种现象和过程，解决复杂的规划、决策和管理问题。GIS 独特的地理空间分析能力、快速的空间定位搜索、复杂的查询功能、强大的图形处理和表达、空间模拟和空间决策支持等，可产生常规方法难以获得的重要信息。

美国芝加哥市已经利用 GIS 帮助其决策制定者和市民看大了气候变化的方方面面，包括芝加哥城市中心人均二氧化碳排放量（近似值）、气候影响，以及气候风险等。其中芝加哥城市中心人均二氧化碳排放量数据包括：通过在烟雾检测站里程表上获得的车辆行驶里程数据（以邮编分类）、家庭收入和规模、车辆所有权、居住密度、街区规模（用于衡量城市无障碍程度）、运输线路及运输服务频率（用于预计每 1/4 平方英里范围内车辆行驶的里程数）。

6.3.4 低碳城市发展规划实践

低碳城市建设是人类对自然、人类社会、城市功能之间相互关系认识不断深化提升的结果。低碳城市建设实质是一个不断改进、不断完善的过程，因此低碳城市建设没有统一的标准，也没有最佳终极状态。

低碳城市建设的内容也无统一模式。各个城市在自身发展过程中，可依据自身特点、状况，从多方位、多角度努力，实现低碳发展目标。通过产业结构调整、淘汰落后产能来降低碳排放；通过能源管理，包括新能源开发和使用、能源制备中降低温室气体和污染物排放、发展智能电网、降低输配过程中损耗、使用过程中节省能源等途径来实现节能减排；发展智能交通系统，开发新型低排放车辆、清洁能源车辆，提倡低碳出行方式，如采用公共交通、自行车、步行等方式来降低交通领域的能源消耗和排放；通过开发碳中性建筑、生态建筑、采用节能电器和照明灯具等来实现建筑领域的节能减排与低碳发展；

通过保护湿地、森林及吸碳作物等碳汇资源、开发碳封存、碳吸收技术和资源化来实现降低温室气体影响等。各个城市的基本状况、自然资源分布都不同，所以，选择低碳城市的建设内容和形式也存在巨大差异。本节介绍国内外几个典型案例。

1）美国城市

（1）波特兰——气候行动规划与实践

①背景介绍。波特兰市坐落在美国西北部的俄勒冈州，靠近威拉米特河与哥伦比亚河的交汇处。波特兰市于 1851 年并入马尔特诺马县，现为该县郡政府所在地。波特兰市被称为世界上环境最友好城市，或最绿色的城市。

波特兰市和马尔特诺马县的居民应对气候变化的挑战已有多年的经验。波特兰市于 1993 年发布了美国第一个二氧化碳减排战略，8 年后又与马尔特诺马县联合提出了“全球变暖波特兰地区行动计划”。该计划列出了 150 项短期和长期行动计划，目标是到 2010 年将全社区的碳排放在 1990 年的基础上降低 10%。2008 年，波特兰市和马尔特诺马县已经使当地的碳排放较 1990 年的水平降低了 1%，而同一时期全美的碳排放增长了 13%。正是波特兰市和马尔特诺马县极早的行动和持续的努力，使得波特兰成为美国应对气候变化的引领者之一。

波特兰政府认为气候保护不应该是一项孤立的行动，而应当与创造并保住就业机会、改善社区生活环境和公众健康、促进社会平等以及巩固自然生态系统的自我复原能力等社会环境问题联系在一起。在此理念下，2007 年，波特兰市政委员会和马尔特诺马县县委会通过决议，要求各部门制订到 2050 年本地碳减排 80% 的战略计划。随后，波特兰市和马尔特诺马县立即成立了督导委员会。督导委员会成员来自波特兰市规划与可持续发展局、油价特派小组以及 8 个地方政府部门。督导委员会从 2007 年 11 月到 2009 年 3 月间共召开了 7 次会议。针对建筑物能耗、土地利用、人口流动等问题，各技术工作组探索了各种可能的行动方案，并重新审视了近年来波特兰市对城市绿化、自然生态系统和废物回收利用工作的规划。2009 年 4 月，“波特兰市和马尔特诺马县气候行动计划 2009”草案完成并正式公开征求公众意见。波特兰当局共召开了 8 次市民大会，与居民、企业和社区组织共同探讨该草案。共有 400 余人参加了这些会议，另外通过在线评论、电子邮件或邮寄信件的方式收到的评论意见达

175 条，共计收到 2600 多条意见和建议。现已正式发布的“波特兰市和马尔特诺马县气候行动计划 2009”（以下简称“波特兰 2009 气候行动计划”）正是对这些工作成果的反映。“波特兰 2009 气候行动计划”重申了波特兰市和马尔特诺马县 2050 年减排 80% 的目标，并提出了 2030 年减排 40% 的中期目标。为了提高目标的可达性，波特兰政府又将 2030 年减排 40% 的中期目标分解为涉及 8 个领域的 18 个具体的子目标，并将行动重点放在了未来三年旨在改变波特兰市和马尔特诺马县的排放轨迹的行动上。“波特兰 2009 气候行动计划”将全面指导波特兰市和马尔特诺马县未来的气候变化应对工作，不仅包括减缓气候变化（减少温室气体排放），也包括当地对气候变化的适应。总之，“波特兰 2009 气候行动计划”为波特兰和马尔特诺马县提供了一个创新的行动框架和综合的战略计划，其将有助于引导当地向更繁荣、更可持续、气候更稳定的方向转变。

大幅降低碳排放是一个全球问题，不可能由地方政府单独解决。因此，除了需要政府、企业、公众组织和居民个人充分合作，共同应对气候变化外，全国各级政府乃至世界各国也应各司其职、通力合作。

②目标和行动。波特兰市和马尔特诺马县应对气候变化的目标和行动共分为 3 个层次：2050 远景目标、2030 中期目标和分类子目标、三年行动计划。①2050 远景目标。2050 年波特兰市和马尔特诺马县碳排放量在 1990 年的基础上减排 80%，这将为社区带来整体性的改观——告别化石能源，强化地方经济，同时城市面貌、交通、建筑和消费都将发生根本变化。②2030 中期目标和分类子目标。为了实现 2050 远景目标，波特兰市和马尔特诺马县提出了 2030 年在 1990 年的基础上减排 40% 的中期目标。2030 年中期总目标又被分解为涉及 8 个领域的 18 个具体的子目标。这 8 个类别分别为建筑与能源、城市形态和交通、消费与固体废弃物、城市绿地和自然生态系统、食品与农业、社区参与、气候变化准备及地方政府运作，覆盖到了气候变化应对的方方面面。根据“波特兰 2009 气候行动计划”，不同领域的减排目标和行动对于 2030 年碳减排中期目标的实现具有不同的贡献。其中，消费和固体废弃物的减排贡献最大，达 35%，其次为交通运输（18%）、家庭节能（16%）和商用建筑节能（13%），贡献最小的为工业（5%）和市县政府运作（2%）。这与中国以工业为主的减排模式完全不同。波特兰应对气候变化中期目标并不是一成不变的。

2020 年，波特兰市和马尔特诺马县将在最先的科学发现和已实施的政策和项目的成功经验的基础上，对气候行动计划进行重新审视。届时将制订新的气候行动计划，包括新的 2040 年中期目标和 2040 年分类目标，以保证波特兰市和马尔特诺马县坚持 80% 的 2050 年碳减排总目标的前进方向不变，并迎接气候变化准备的挑战。③三年行动计划。针对“波特兰 2009 气候行动计划”中提出的 2030 年应对气候变化的分类子目标，波特兰当局明确给出了每一个子目标下，未来三年内应采取的最为紧迫的行动，从而使得“波特兰 2009 气候行动计划”更具可操作性。如针对 2030 年子目标 1——2010 年以前建造的所有建筑物的总能耗降低 25%，再如“波特兰 2009 气候行动计划”给出了 6 条 2012 年以前应完成的行动：第一，通过公共和私人资本筹集至少 5 千万美元的投资基金，为从事节能改造的居民和企业提供低息融资。第二，要求所有家庭参加能效评级，这样业主、租户和潜在的买家就能在作决策时有所依据。第三，要去所有商用建筑和公寓住宅建筑对照能效基准。第四，为现有建筑物中的居民和企业的碳减排行动提供资源和激励，包括节能方法、可再生能源、材料的选择和建筑物再利用等。第五，与各合作组织联手推动所有商用建筑的运行和维护方式改良。第六，制定本市企业税收抵免政策，鼓励同时安装太阳能电池面板和生态屋顶。这些行动涉及资金支持、能效机制创新、能力建设、财政激励等多个方面，形成了系统性的行动框架，为目标的实现打下了扎实的基础。同样的，波特兰三年行动计划也不是一成不变的。在三年一度的复审中，波特兰市和马尔特诺马县将对原先没有纳入本计划实施的行动进行评估，判断对实现碳减排目标是否有效，并且规划在未来三年内实施的新行动。

③进展和成效。波特兰市规划与可持续发展局和马尔特诺马县可持续发展计划局将每年向波特兰市政委员会和马尔特诺马县县委会报告本地碳排放趋势、化石能源使用情况及气候行动计划的实施进展情况。根据 2010 年进展报告显示，至 2012 年的三年行动计划中 4% 的行动已完成，54% 的行动正在顺利推进中，33% 的行动已经启动，但也遇到了一些障碍，余下 9% 的行动尚未启动。总体而言，2012 行动计划的实施已显示出一定成效。在马尔特诺马县人口快速增长的情况下，2009 年马尔特诺马县的碳排放量仍比 2008 年下降了 0.5%，即比 1990 年的排放水平下降了 2%，而人均碳排放量比 1990 年的水平

下降了20%。

④经验借鉴。

第一，公众参与，赢得广泛支持。波特兰市和马尔特诺马县在“波特兰市气候行动计划2009”终稿确定前，曾通过在线跟踪调查、电子邮件和信件、市民大会等多种形式广泛征求公众意见。在公示期间，行政当局共收到了2600多条意见，这些意见多集中于公平、健康、适应/脆弱性和企业/政府/个人的共同参与等方面。以“公平”为例，波特兰市民建议行动计划应该多关注弱势社区，包括气候变化对这些社区产生的影响以及这些影响所面临的挑战，如人行道基础设施的改善等。此外，波特兰市民还指出规划应协调好环境、经济和社会三者间的关系，不能仅强调环境保护和经济发展。波特兰当局不仅认真记录下了这些意见，而且还在气候行动计划的各个章节中添加了意见涉及的相关内容。这为日后气候行动计划的开展奠定了良好的群众基础，值得中国政府学习。

第二，两种碳核算方式，全面了解碳排放现状。目前，国内已开展温室气体排放清查的城市中，多基于分部门的碳排放情况，而未对城市的内含碳排放进行估算。波特兰则同时运用了“分部门模型”和基于生命周期方法的“系统模型”对波特兰市和马尔特诺马县的温室气体排放进行了摸查。这主要是因为马尔特诺马县境内的企业和工厂生产的产品的种类和数量与本地居民所消费的并不完全一致。此外，联合国环境规划署、联合国人居署和世界银行（2010）近期联合发布的《城市温室气体排放核算国际标准》中也要求城市应当对包含在食物、水、燃料和建材中的温室气体排放进行报道。波特兰的这两种分别对应经济供应测和需求侧的碳排放计量方法为波特兰市和马尔特诺马县绘制了一幅完整的碳排放地图，有利于采取更全面合理的碳减排行动。

第三，及早行动，贵在坚持。由于在碳排放的变化和全球气候模式的变化之间存在着一个长期的延时效应，未来气候变化首先反映的其实是过去一个世纪以来的排放，而最终我们今天所做选择的结果也将反映出来。这种温室气体排放效果的延迟性迫使我们应及早进行温室气体减排。此外，温室气体减排又是一项长期行动，不是通过一年两年的减排行动可以达成的，它需要全社会发展模式的革命性颠覆。正如波特兰市和马尔特诺马县从20世纪90年代就开始了温室气体减排行动，这才获得了现有的减排成效。然而他们仍表示自己的气候变化应对工作还是远远不够的。这种不断寻找减排机会、不懈努力的精神值得我国各市学习。我国城市应该在节能减排成果的基础上进一步挖掘提高能效，减少温室气体排放的潜力，而不应该将节能减排的政绩作为城市低碳的证明。城市的更加低碳化是无止境的。

第四，气候变化减缓和气候变化适应两手抓。应对气候变化包括气候变化减缓和适应两部分。其中减缓行动是根本性措施，主要用以控制气候变化的速度与幅度，使其不超过人类和环境可承受的临界值。然而，全球变暖已成为不争的事实，气候变化与灾害不可避免，如降水格局的改变和极端事件的频发等。因此如何适应气候变化给人们生产生活所带来的影响同样重要。“波特兰气候行动计划 2009”不仅指明了如何实现碳减排目标，而且对如何适应气候变化也给出了指导性意见，这点值得中国各城市学习。

第五，建立联盟，而非单打独斗。波特兰市的气候战役并不是孤立无援的，美国许多城市也已完成了气候行动综合规划，如西雅图市、纽约市和麦迪逊市等。早在 2005 年，西雅图市市长格雷格·尼克尔斯就在美国市长会议上发起了“美国市长气候保护协议”，随即得到了 141 个城市的积极响应。塔尔萨市和梅萨市市长分别成为第 500 个和第 1000 个签署“美国市长气候保护协议”的市长。目前，共有 1044 位市长表示自愿实施原先美国政府承诺的比 1990 年排放量降低 7% 的《京都议定书》标准。2009 年底哥本哈根气候大会的召开在我国各大城市掀起了一股低碳建设的热潮，其中既有考虑较为成熟的，也有盲目跟风的，如果中国城市也能向美国城市一样建立起广泛的联盟，互相学习，共同探索低碳发展之路，必将有助于推动我国应对气候变化的进程。

（2）西雅图——低碳行动决策

①西雅图低碳行动背景。西雅图低碳行动简介：西雅图市是全美低碳城市的典范，是美国第一个达到“京都议定书”温室气体减排标准的城市。从 1990 年到 2008 年，西雅图市碳排放量减少了 8%。西雅图碳减排成功的关键主要可以分为两点。

第一，详细的温室气体清单帮助指明低碳发展道路。西雅图温室气体排放清单提供了一张城市二氧化碳排放的快照，展示了来自不同排放部门所作的贡献（发电和电力消费、天然气消费以及交通运输）。更为重要的是，通过收集特定的温室气体排放源数据、计算并转换数据，可以帮助行动规划师决定优先考虑哪些排放部门，以及优先采取哪些最具成效的行动。同时西雅图每三年开展一次清单活动来追踪进度，以展示哪些部门已经减少了排放，而哪些部门增加了排放，这对行动优先级的制定具有指导意义。这种持续性的清单活动还可以揭示出排放的变化是来自城市采取的哪些行动，或者来自不受城市控制的因素，如区域性或更大规模的经济趋势。

西雅图温室气体排放清单表明，西雅图市 60% 的温室气体排放来自交通运输活动。这促使市长、绿丝带委员会、市政府和市民通过了一项针对交通运输的九年征税和集资计划。该计划 25% 的金额，即 1.35 亿美元用于提高行人和自行车安全（如改善人行道、人行横道、多用途道、街区道路等），建造可安全到达各学校的道路，并提高运输速度和可靠性。

第二，打造全民化、透明化和“有利可图”的低碳行动。西雅图形成了大企业带头，以西雅图气候合作项目为平台，城市各个部门共同参与的气候行动。主要包括以下内容：公众参与；家庭能源审计；阻止城市继续向外无限扩大，把重心重新放回中心城市建设；积极改善电力供应结构；第三方评估减排结果，让低碳成果透明化；创造绿色就业，让低碳建设变得有利可图。

②西雅图低碳行动计划的制订依据和过程。为了使当地实现京都议定书中规定的美国减排目标且为其他城市提供绿色发展蓝本，西雅图市市长尼克尔斯于 2005 年 2 月任命了一个高级别的咨询委员会负责起草“西雅图气候行动计划”，并提供相关建议，该高级别咨询委员会被称为气候保护绿丝带委员会（以下简称 GRC）。该委员会由 18 名来自不同部门和行业代表组成，包括工商业、劳动组织、政府、学术界，以及宣传公共健康、社区发展和环境可持续的非营利性组织。这样便于多角度地同时对经济发展和低碳发展进行探讨。CRC 于 2006 年 3 月将草案提交给了时任市长尼克尔斯。在该草案的基础上，尼克尔斯于 2006 年 9 月发布了“西雅图气候行动计划”。

第一，绿丝带委员会的目标和职责。目标：绿丝带委员会旨在向市长推荐一个针对西雅图社区的气候保护目标，以及一系列为实现这一目标而制定的具体行动计划，力图将西雅图打造为稳定全球气候同时改善当地生活质量方面的国际领先者。职责：为西雅图社区起草“西雅图气候行动计划”，以达到甚至赶超《京都议定书》中针对美国的温室气体减排目标；与1990年的水平相比，到2012年要减少7%。CRC承认这个目标仅仅是一个开始，全球气候稳定将需要全世界减排大约70%到80%。向市政府、企业、家庭、居民和街道/社区群体推荐气候保护策略。市政府及其营运机构和设施中减排超过60%，而到2020年，全社区范围内的排放预计将上升30%。因此，GRC的首要任务将着眼于制订有效的策略并采取有效的行动来减少全社区范围内的排放。为气候保护寻求一系列方法，包括公共信息和宣传活动，激励策略，以及在合适的情况下采取调控措施；在西雅图社区内寻求减少污染的机遇，当然GRC也将考虑采取行动影响区域、州政府乃至国家政策制定。

第二，绿丝带委员会低碳行动识别标准。绿丝带委员会从减排潜力、可行性和放大效应等三个方面识别有效的低碳行动。长远的二氧化碳减排潜力：该行动是否消除、减少西雅图温室气体的排放（在没有将温室气体转移至其他地方的前提下）？该行动中的减排的温室气体是否可以被测量？如果可以，如何测量？该行动是否在短期内实现减排？可行性：与预计的温室气体减排量相比，成本预算是否合理？该行动是否在技术上可行/是否便于执行？该行动是否在法律上可行？该行动是否需要新的立法规定？该行动是否已在其他地区成功施行过？是否会出现可以加强计划执行度的合作方？放大效应：该行动是否有可能影响其他方面采取行动（即乘数效应），以及/或该行动是否可能导致西雅图地区以外的温室气体减排？在西雅图地区以外是否适用于其他管辖区域、商业机构等？它是否与其他政策倡议相容，或能否提高其他政策倡议实施效率？它是否能带来额外的经济和/或环境效益（例如减少空气污染，创造工作机会，在区域内保持美元汇率等）？

第三，西雅图低碳行动计划决策过程。西雅图低碳行动决策过程，除GRC外，还涉及了多个机构和利益相关方，如市长、环境与可持续发展办公室、技术工作组、社区和公共工作坊等。GRC由丹尼斯·海斯（Bullitt基金会主席兼首席执行官）和奥林·史密斯（星巴克咖啡公司前主席兼首席执行官）共同担任主席。两位主席连同协调官（西雅图环境与可持续发展办公室主任和/或一名顾问）共同对GRC的决策过程进行管理。西雅图环境与可持续发展办公室的职责包括：与两位主席一起组织GRC会议；建立并管理气候技术工作组，从而为GRC提供技术支持，包括评估行动建议；与GRC一起为市长提供建议并起草报告；监督最终成果“西雅图气候行动计划”的执行进展。

技术工作组分为不同的专家小组，包括度量专家组、能源专家组、交通组和社区教育组，分别负责数据的搜集和分析（包括温室气体清查）、能效提高、绿色交通和绿色生活方式的引导。与 GRC 一样，技术工作组同样包括来自政府、商业学校等各界人士。此外，西雅图市也非常重视公众的参与，如工作坊的开展等。GRC 在 2004 年 3 月到 12 月间共组织了大约 4 次会议，每次会议持续约 2 个小时。会议期间，工作人员与两位主席以及委员会成员进行广泛的商议。2006 年 3 月，GRC 向市长提交了“西雅图气候行动计划”草案。在行动计划正式发布前，市长大约还有半年时间对“西雅图气候行动计划”草案进行修正。因此，在此期间 GRC 成员还需尽可能地协助市长和环境与可持续发展办公室开展对外联络及执行工作，以搜集和整理关于“西雅图气候行动计划”草案的建议，供市长等相关人员和部门参考。2006 年 9 月，《西雅图气候行动计划》正式对外发布。[45]

2）中国城市

一方面由于中央政府的积极推动，在国内省、市进行低碳经济发展试点，另一方面各级地方政府也都意识到发展低碳经济具有重要的区域战略意义。因此，近年来，地方政府因地制宜，将低碳发展纳入到经济社会发展的总体布局，取得了一定的成效。

（1）上海：践行“低碳城市”的排头兵

上海市在打造“低碳城市”过程中，着重关注建筑节能，从办公楼、宾馆、商场等大型商业建筑中选择试点，公开能源消耗情况，进行能源审计，提高大型建筑能效，并对公共建筑的物业管理人员进行培训，提高其节能运行能力。同时，利用国际合作新能源项目，推动区域低碳实践，建立以工业低碳化为主要特征的南汇区临港新城，以低碳农业及自然保护区为特征的崇明岛“低碳经济实践区”，以中心城区、服务产业区低碳化为特征的“虹桥商务区”。同时，上海还将世博园区作为低碳经济发展的重点探索区，以世博会的举办为契机，继续调整产业结构、优化能源结构和推广低碳技术。此外，上海还于 2011 年 8 月率先成立低碳教育推进专家委员会，同月发布新能源规划调整，9 月世界新能源（光伏）交易中心在上海开业。

（2）河北保定：打造内地首个低碳城市

保定是与上海共同入选首批世界自然基金会试点的城市，其试点意义主要是发展节能产业，目前已经形成六大产业体系，即光电、风电、节电、储电、输变电与电力自动化。为努力建设资源节约、环境友好的“两型社会”，积极实施中国电谷建设工程、“太阳能之城”建设工程、城市生态环境建设工程、办公大楼低碳化运行示范工程、低碳城市交通体系集成工程等六大工程，发展以新能源、文化创意、文化旅游为主导的绿色产业。

（3）吉林（市）：老工业基地的“低碳”转身

2010年3月19日，中国社科院、国家发改委能源研究所和英国查塔姆研究所等5家中外研究机构共同发布了我国首个低碳城市评价标准体系，以吉林市建设低碳城市为案例形成了详细的规划报告，吉林市成为适用此标准的东北首个案例。低碳城市评价指标体系包括低碳产出、低碳消费、低碳资源和低碳政策4个一级指标，低碳产出下设碳生产力、重点行业单位产品能耗2个二级指标，低碳消费下设人均碳排放、人均生活碳排放2个二级指标，低碳资源下设非化石能源占一次能源比例、森林覆盖率、单位能源消费3个二级指标，低碳政策下设低碳经济发展规划、建立碳排放监测及统计和监管体系、公众低碳经济知识普及程度、建筑节能标准执行率、非商品能源激励措施和力度6个二级指标。

（4）深圳：部市共建低碳生态示范市

2010年1月16日，深圳市与住房和城乡建设部签订“低碳城市”规划合作协议，由此形成部市共建低碳示范市的模式：以“绿色建筑”为突破口，转变经济增长模式、推动产业结构转型升级，积极探索建设低碳产业、公共交通、绿色建筑和提高资源利用效率等。2011年8月17日，《深圳市建设低碳交通运输体系试点实施方案》通过专家评审；2011年9月深圳出台《深圳市工商业低碳发展实施方案（2011～2013）》，提出建立健全低碳发展市场体系。

（5）沈阳：生态示范城

2009年6月12日，沈阳市成为我国唯一的“生态示范城”，沈阳经济技术开发区和沈阳高新园区被联合国环境规划署正式确立为“生态城”示范项目。该项目以低碳技术为着眼点，为期3年，从企业、工业园区和区域城市三个层面展开，联合国对这一项目给予重要的技术支持和宣传支持，不直接投入资金，示范企业全力推进低碳技术的应用，并由工业园区科学组织企业间排放物循环利用，区域城市也将对各种生活垃圾进行细化分类处理以提高资源回收的利用水平。这些都将影响国家和地方环保政策的制定和环保投入。此外，沈阳市政府计划“十二五”投 10.97 亿元建设建筑节能；并计划推进“西气东输”工程，启动天然气公交；2011 年开始实施清洁能源推广工程，供暖有望“气”代“煤”。

（6）无锡：执行力强的低碳《规划》

由中国可持续发展研究会、中国环境规划院、中国社会科学院、上海市环境科学研究院、清华大学等科研院所及相关部门的 50 多位低碳专家对《无锡低碳城市发展战略规划》进行论证并通过。《规划》明确了低碳产业、低碳交通、低碳建筑、低碳消费等重点发展领域的任务，对该市的农业和碳汇、现代产业体系、交通、建筑、消费和生活 5 大领域的碳排放现状进行调研和分析，提出了 2015 年和 2020 年的低碳城市发展目标，并绘制了详细的低碳发展路线图和时间表，有利于具体有效地落实执行。

（7）北京：碳减排成效显著

从“绿色奥运”到“绿色北京”，北京率先建成低碳城市具有产业结构优化升级速度加快，节能减排力度加大，生态环境建设成果显著，政府引导发展机制逐步确立的诸多优势。在过去 10 年里，北京碳排放总量年均增速为 1.87%，人均排放增长率为 -0.66%，均为全国城市最低，同时也是唯一负增长的城市。从单位 GDP 碳排放增长率来看，北京下降也最明显，增长率为 12.81%。此外，北京市“十二五”期间规划投资 56 亿元，提升职能交通，鼓励绿色出行；2011 年 8 月 31 日发布了《“十二五”时期民用建筑节能规划》，提出了今后五年建筑节能的发展目标、工作重点和保障措施。

综上所述，低碳城市建设虽然在实践上各城市构成和重点有所不同，但都有相对固定的要素，包括：目前各部门碳排放情况通过大型项目推动低碳化发展、转变能源使用结构政策、低碳城市理念宣传教育、市政府机构高度重视等。归纳起来就是从城市的四项基本功能入手，为达到减少碳排放和适应气候变化的目的，而制订居住、就业、交通和游憩相关的各部门的碳排放目标和行动计划。基于此，各地方政府根据自身发展阶段和发展侧重点的不同，结合城市特色分别选择适合城市低碳建设发展路径的行动内容。

第7章　乡村低碳发展空间格局分析

7.1　概　况

7.1.1　乡村作为一个区域整体的研究

乡村的发展必须寓于整个区域的全面经济文化发展中，在我国，可以把县域或乡域视为一个乡村区域整体。县的设置在我国已有悠久历史，绝大多数县份，其管辖范围几百年来甚至上千年以来就基本上没有变动过，形成一个有相当凝聚力的社会文化实体，即使在今天，县仍是一级重要的行政单位。它具有上千平方公里的土地面积和数十万人甚至上百万人口，拥有一定的经济实力和相当数量的村镇。县域之内，在政治、经济、文化生活各方面有着传统的紧密联系，它们实质上是我国乡村地区最基本的完整的地域单元。在县域之内，除了县城和少数建制镇以外，广大地区都属农村，县城和建制镇虽然也可以列入城镇的统计，但是从整体上来说，仍然带有乡村的性质，因为它们处于农村包围之中，与乡村地区的政治、经济、文化联系密切，与农村的自然集镇和村落共同组成一个有机联系的乡村地区聚落体系。特别是我国各地的建制镇，正在试行镇带乡，镇管村、乡与镇合并或撤乡建镇等办法，这样，实质上就把建制镇作为乡村中心来对待。作为乡村发展的基地，镇可以大力支援乡村经济的建设。同时，我国现有的建制镇，大都刚从农村自然集镇演化而来，还带有不同程度的农村特征。它们当中，绝大多数是过去乡政府所在地的自然集镇，虽然工商业相对集中，人口具有一定规模，也有一定公共建筑和城市基础设施，在生产、流通和生活方式上与农村已有所不同，需要按照城市的方式进行规划、建设和管理，但农村的性状在它们身上仍有一定体现。例如在总人口中农业人口占较大比重，工副业生产在镇的经济结构中也占一定地位，落后的生产手段和不发达的交通，贫乏的文化生活和低质量的教育、医疗水平等。无论是县城还是建制镇，至今大都还存在着传统的定期集市，保持着作为乡村物资集散中心的地位。因此，可以认为，以县域为单位进行的地理研究就是乡村地理研究的范畴。

县域规划、乡域规划可以视为乡村规划。目前，乡村规划进行还很少，并未引起人们的足够重视。县域规划虽已有进行，如江苏省宜兴、昆山等，但其着重点仍放在县域和工业交通规划上。而在经济发达地区，乡域规划已急需提到议事日程上来。这些地区的乡村已普遍存在着一系列矛盾，诸如居民地扩大及工业用地剧增与耕地迅速减少的矛盾；生活水平的提高与村镇文化物质生活不能适应需求的矛盾；集镇建设与经济发展形势不适应的矛盾；工业污染与建设村镇优美环境的矛盾等。乡村建设混乱，集镇人口拥挤，交通及环境恶化，严重影响到乡村经济文化的进一步发展，为此，以乡域作为一个完整的单位进行工农商服运，聚落、人口、文化的综合全面规划已十分必要，它也可避免过去按农业、多种经营、乡镇工业、水利、文教、村镇建设等各行政系统进行规划造成互不通气、矛盾、牵制的缺陷。这项工作将为地理工作者从事乡村地理研究提供一个良好的场所。

7.1.2 乡村经济发展战略的研究

乡村地理研究的关键是根据不同地域特点，探讨建立经济富裕、文化进步、环境协调的乡村的途径，而经济富裕仍是其中的首要关键。因而，寻究该区域乡村发展战略策略将是近期乡村地理研究的主题。

乡村区域经济发展研究的内容十分广泛。如乡村产业结构研究，研究产业结构的沿革、现状合理性及其进一步调整方向。区域内乡村商品生产、专业化和社会化的形成及其主要影响因素，并预测在其他因素的变动下进一步发展的趋向。乡村经济类型往往受空间格局的影响，不同的乡村经济类型具有不同的经济特征和发展历史，因而建立的发展对策也就应该有所区别。乡村区域发展研究本身包含内容也很广泛，既包括总体的发展战略，也有具体分部门、分区的发展规划，需要完善乡村区域内部的运转机制，优化乡村经济发展的外部环境，突出地表现为城市与乡村的经济联系。尤其对落后地区来说，分析其有利与不利条件，选择合适的发展突破口，建立合理而有效运转的经济结构等，这是落后地区走向富裕之路的前期而带有战略性的工作。

在几千年的历史发展中，我国农村经济形成偏重农业和种植业的经济结构，以农立国的思想可以远溯到公元前的封建社会初期，“耕读世家”成为农村士族所标榜的门第。乡村经济以口粮为核心，解决温饱问题成为天下大治的追求目标。

建国以来，农村经济的发展提出了“以粮为纲”和农林牧副渔五业并举的方针，农村经济长期以农耕和粮食为中心。十一届三中全会以来进行的农村改革，导致农村经济得到全面发展。人们逐步认识到，乡村的发展首先要经济致富，追求经济效益使得农村经济冲破了原有的格局，其特征是：第一，农村经济半自由半自给的自然经济转变为商品经济，产期以来形成的大小不等的农村自然经济封闭体系被冲破。第二，农业由以粮为纲的单一经营转化为多样化经营，经济林木、园艺、养畜、蔬菜的地位增加。第三，乡村第二三产业迅速发展，乡镇工业崛起，逐渐成为农村经济的主导力量。第四，农村经济由低效粗放、传统经营，向高效经营、现代经营转变。

实践证明，农村经济发展战略的探讨，就是要寻求不同时态不同地域条件下扩大再生产和调整产业结构的重点，根据轻重缓急和各地区的资源优势，优先支持对本区经济发展有决定影响的部门和企业。在协调均衡发展的原则下，继续加强农业基础，使束缚在土地上的大量劳动力合理地转移到二三产业中去。还要提出各产业部门、各经济要素的最佳组合，达到经济效应、社会效益、生态效益的统一，以最高的速度提高农村人民的平均收入，逐渐使大部分农户富裕起来，从而大力改善农村地区的文化教育水平和生活服务设施，使农村地区逐步进入现代化的行列。

7.1.3　乡村地理研究的深化

在农村经济发展迅速和乡村进行各种改革的新形势下，农业生产结构、生产组织、经营方式以及农民对生产经营的自主权等都发生了较大的变化，特别是过去对乡村各种经济活动的指令性计划已为指导性计划所替代，农业生产在很大程度上受制于商品、市场价格的影响。地理工作者对乡村的研究必须面对这一新的现实，这些变化要求我们必须改进我们的理解认识和研究方法，深化对乡村地理的研究。在新的形势下，对乡村的研究一方面要加强除农业以外的第二三产业的研究，要把乡村社会、乡村文化、乡村环境与整个乡村地区的经济开发有机的联系起来。另一方面要使地域差异及区划的研究与规划工作相结合，并进一步进行设计工作。

在这里，也想同时探讨一下工程地理的问题，借用这一名词，是为了说明应用地理学必须向工程设计的方向发展，以期为社会实践需要所接受，同时，这种转移必然也推动地理学本身的发展。

当我们将地理学的应用研究深入到进行具体规划设计方面时，这种规划设计不仅在工业、交通、城市地理中是可行的，在乡村地理中也同样得以运用，这样的设计就能够为规划所直接引用，也可以为生产部门进行建设时采纳，区划不但要和规划相结合，而且必须与具体的设计相结合，形成“区划—规划—设计”的连环扣。

例如江苏省滨海县，黄河故道地区与沿海地区为县内的 2 个农业区，根据这 2 个区不同的自然条件及农业生产的适宜性，以及考虑到当前的社会需要和原有生产基础等，黄河故道区将以果林生产为其专业化生产方向，沿海区则将建设商品性水产基地。在区划和资源调查的基础上，经过反复研究，规划这 2 个基地将分别建成 5 万亩果树基地，年产果品达 8000 ~ 10000 万斤，以及 3 万亩淡水养殖和 1 万亩海水养殖基地，年产鱼类、对虾可达 1000 万斤以上。尔后，进行具体的规划设计。

地理学科的应用设计尽管与工业、水利或建筑的工程设计不尽相同，但是地理学应该把自己的规划工作作为一项工程进行设计，并尽量使之具体化。由于地理学的综合性和区域性特点，进行这种设计是完全可能的，许多从事城市地理研究的地理工作者所进行的规划工作即是明显的成功例证，这种规划设计同样也可以运用到农业地理和乡村地理研究中。实践证明，只有进行这种规划设计，才能使地理学获得不断前进的活力。如果现代地理学的预测仅限于提出这一地区生产的发展方向、途径和几条措施，这已经不能适应现代社会经济发展对规划工作的要求。因此，应用地理学进行工程设计正是地理学发展方向之一。

7.1.4 乡村特点的考虑

乡村地理研究必须考虑乡村本身的特点：

①乡村地区差异大，受自然条件的影响显著。与城市不同，城市范围小，内部集中连片，影响城市建设的主要自然因素只有地形、水文，但现代城市建设已可较少考虑这些因素，乡村则无论是生产和居住都深受自然环境的制约。城市的主要经济活动为工业，乡村的主要经济活动为农林牧副渔及其加工业。工业建设除采掘业外，一般较少受制于自然条件，大量工业企业只对地质基础和供水有一定要求。而农林牧渔业则受制于自然综合体，包括地形、气候、土壤、水文各方面。因而乡村与环境的关系也复杂多端，各地差异巨大。

②乡村经济实力悬殊。大部分乡村地区经济落后，生活尚较贫困，建设难度大。城市是一个区域的经济文化中心，城市一般都有较强的经济实力，其建设规模不难按近远期设计的发展目标进行，根据现代化标准加以建设。

③相对来说，农民比较吃苦耐劳，意志与毅力都较坚强，有愚公移山的精神。农村地区社会问题不如城市复杂，经济翻身快。规划项目少、简单，但由于农业生产是生物再生产过程，其基础是土地等自然界，很多规划项目不能立刻见效，如改土、治水、提高单产等。因而乡村规划本身并不艰难，但其成果却并非一朝一夕可见，也给乡村地理如何进一步研究带来难题。

④乡村的物质生活和精神生活，对年轻一代缺乏吸引力，从而产生乡村建设的萧条与迟缓。提供某些公共服务设施需要有一定的人口限度标准。城市是集中了各种不同的经济活动，人口大量集聚，因此能经常提供比农村更加广泛的娱乐、社交、教育、商业活动等设施，以满足人们文化、物质享受的需要。乡村人口和居民点分散，一般来说，房屋不整齐、杂乱无章；卫生状况差；交通和购物不便；教学水平差；生活方面有很多缺陷；再加上受社会上习惯势力的影响，轻视农民，农业劳动繁重。城乡文化生活和物质追求的强烈反差，在年轻人身上尤其明显地表现出来。[46]

7.2　乡村能源消费

7.2.1　低碳发展与农村能源消费

随着全球能源消费的迅速增长，能源、生态环境和气候恶化的关联性日益增加。农村能源消费活动，特别是砍伐森林和燃烧化石燃料，会增加空气中温室气体的含量。随着温室气体的不断增加，大气的组成成分被逐渐改变，可能会导致全球气候变暖。这一现象已经在地球上大部分地区被证实。随着中国农村经济的快速发展、国家节能减排工作的深入与普及，作为国家能源系统不可分割组成部分的农村能源将凸显出越来越重要的地位。持续安全的能源供给是中国农村社会经济发展和农民生活质量提高的基本保证，是实现农村经济可持续发展的基本前提，也是减缓和适应气候变化的有效手段。

农村能源消费者在选择能源消费过程中按照自己的心态，根据一定时期、一定地区能源消费的价值观，在决策过程中没有把低碳消费的指标作为重要的考量依据和影响因子，在实际购买低碳能源产品。低碳能源消费方式代表着人与自然、社会经济与生态环境的和谐共生式发展。低碳能源消费方式的实现程度与社会经济发展阶段、社会消费文化和习惯等诸多因素有关。我国农村的空气质量普遍优于城市，但近年的形势亦不容乐观，空气污染呈加重趋势。

长期以来，在我国农村能源消费中低质化现象极为普遍。农村能源消费中石油、天然气等能源消费的比重较小，主要依靠秸秆、薪柴等低效直接燃烧的方式提供。农户往往采取如上山砍柴、铲草等收集当地低密度能源资源，耽误时间较多，影响了农户的提高经济收入的机会和创造更多财富的可能性。更值得关注的是，农村能源消费破坏了生态、恶化了环境，成为全球气候变化的影响因素之一，使低碳理念的推行受到极大阻碍。主要表现为采伐薪材不当、采集薪草对农村天然生态与自然环境的摧残，不当的农村能源消费方式如使用低效率燃煤装置、直接燃烧秸秆引起的污染物排放对环境的破坏，森林和植被被过度采伐，水域被污染，水土保持能力下降，生态环境破坏带来气候急剧恶化，严重地影响了人们的生活品质，威胁到人们的身心健康，极大地影响着农村自然生态、农村经济和社会的可持续发展。由于在农村地区普遍存在的能源消费结构不合理和能源消费数量过度，已经引起了环境污染、生态破坏和气候变化等一系列问题。如秸秆的燃烧会排放大量的有害气体影响农村居民的健康；薪柴的燃烧不仅是农村室内空气污染的主要原因之一，同时还会因森林的破坏导致水土流失和空气自净能力的下降等环境问题；原煤、薪柴、秸秆燃烧的温室气体高排放更是给气候带来无法估计的负面影响。

全球面对能源消费、生态环境、气候变化等严重问题，各国都在积极寻求有利于社会进步、国民经济发展、能源与环境协调、低碳理念实现的可持续发展道路。大力推行可再生能源的利用，降低低效能源消费，促进世界生态环境的改善，抑制全球气候恶化，使人类社会在低碳环境中生存，这是全人类所期盼的未来。农村的能源消费和全球经济发展、生态环境改善、低碳理念的推行有着密不可分的关系，是全球能源消费实现可持续发展战略的一个重要方面。[47]

7.2.2　农村能源消费空间分布特征

（1）消费的强度差异

中国是一个幅员辽阔、地形地貌复杂、气候类型多样和生活方式差异大的国家。本书主要涉及中国大陆31个省（自治区、直辖市），但缺乏上海和西藏地区的数据，未包括港澳台地区数据。考虑到人口和行政区面积的差异，本书使用人均消费量进行区域差异的比较。从总体上来看，中国各省农村地区的人均能源消费量虽各年有所波动，但总体上呈上升趋势。

从空间分布来看，各地区农村能源消费强度的空间差异性显著。如2008年，各省的人均用能最低为0.58t，而最高可达4.11t。青海、福建、江西和新疆等省份的人均用能相对较低，而北京、宁夏、内蒙古和山西等地区的人均用能则较高。总体来看，中国农村地区人均用能呈现出北多南少、东多西少的分布特征。

作为农村地区的主要能源资源类型，生物质能源对农村能源至关重要，并与区域生态环境息息相关。从绝对数字来看，2008年黑龙江、海南与辽宁的人均生物质能源消费要高于其他省份，而浙江省消费数量是最低的。从趋势变化来看，江西、浙江、福建、江苏和湖南五省人均生物质能源消费显著下降，这主要是由于当地农村家庭的商品能源购买力不断增强，以及当地传统农村工业（如浙江的制茶业和江西的陶瓷行业）技术的进步。然而，黑龙江、海南和福建等省的人均生物质能源消费量却快速增长。

多项研究已显示农村区域经济发展对农村能源消费的驱动作用，特别是农村生活水平的提高和乡镇企业发展的拉动密切相关。另外，能源消费还与气候条件、区域资源禀赋等因素有关。同时，由于生物质能源的利用效率较低，这意味着经济条件相对不发达地区的农村需耗费更大量非商品能源用于取暖和做饭。

（2）消费结构差异

中国农村能源消费的区域差异性还体现在其消费结构上。尽管农村能源结构在空间上并没有特别明显的分布规律，但如果从区域资源禀赋入手就可以发现一些规律。首先，资源可获得性是影响各省能源消费类型的主要原因，如山西、内蒙古、宁夏、河北、贵州等省具有丰富的煤炭资源，所以这些省份能源消费中煤炭的比重很大。北京和天津尽管煤炭资源并不是十分丰富，但离山西、河北和内蒙古等产煤区距离很近，而且农村经济发展水平高、购买能力强，所以煤炭的使用比例也很大。另外，中国东北和西南地区的居民比北方、东南沿海地区使用生物质能源的比例更高，这基本上与中国的生物质资源分布情况是一致的。

进一步比较1991年与2008年的消费结构，我们可以发现1991年和2008年能源结构最明显的变化：除西藏、青海、陕西、贵州和河南等省份外，大部分地区生物质能源使用比例减少而商品能源的使用比例增加。这几个省份差异性的变化可能是因为过去这些地区煤炭资源相对丰富，很容易获得煤炭资源，而现在由于小煤矿的关闭和燃料价格的提高以及农村经济发展滞后等原因，使这些区域的商品能源使用比例没有增加反而减少了。值得一提的是，直至2008年，海南和广西两省的生物质能源消费比例仍高达60%以上，海南作为中国唯一亚热带地区，其生物质能源使用比例甚至高达81.82%。

2008年，浙江的人均电力使用比例最高，其次为北京。这两个地区都较为富裕，拥有发达的农村产业体系和较高的农村生活水平。而宁夏和内蒙古却排在后两位，电力消耗极少，除了经济发展水平相对较低，这些省份电网建设成本高也是导致电网服务延伸速度比人口增长速度慢的原因。

7.2.3　农村能源政策的制度演变

总体上来讲，中国农村能源政策设计以单项技术经济政策为主，从试点起步，农村能源政策缺乏系统性、稳定性、协调性和连续性。为了能对国家经济活动进行严格的计划，中国能源实行分业管理，政府对不同能源行业设置了不同的能源部门，尽管期间也有几次能源部门之间的合并、产生综合能源管理各行业的部门，但都以综合部门的撤销而告终，由此决定了中国能源政策以行业政策为主并缺乏总体战略的制度架构。除此之外，不同于其他发展中国家的能源政策体系，中国农村能源政策是架构在城乡“二元结构”、独立于“城市能源”长期游离在国家能源的总体框架之外。因此，受政府能源部门设置以煤炭、石化、电力等常规能源为主的制约，农村能源一直难以进入能源建设的“主旋律”。管理上“多龙治水”，涉及水电、农业、林业以及发改等部门。

因此，尽管国有煤炭、石油、电力等集中式商品能源的发展很大程度上影响着农村能源消费，但农村能源政策能够主导和调控的还是小规模、分散且往往是低品质能源的开发和利用，如生物质能源、小型水电及风电等。同时，由于中国农村能源政策的供给主体多且较为分散，能源管理机构一直处于变革阶段，这也给农村能源制度的总体框架和思路的统一带来了极大的难度，所以对农村能源的梳理需要分项目进行说明，然后从总体上来把握。

尽管中国政府早在20世纪50年代就开始关注农村能源问题，特别是关于沼气、小水电和地方煤矿的发展，但直到“六五”计划才最终确立农村的政策框架，其政策演变的核心是仅仅围绕农村地区生产、生活用能需要。

1980年第一次全国农村能源研讨会可以看作是一个重要的转折点，此后确定了农村能源的建设方针是“因地制宜、多能互补、综合利用、讲究实效”；开展了农村能源区划与能源政策的研究，同时在沼气利用、省柴灶、太阳能利用、生物质气化、微型水力发电、风能利用和地热利用等方面开展了较为系统的科研工作；能源建设从单纯抓沼气进入全面建设的时期，颁布了围绕薪炭林、乡镇企业和生活节能等一系列能源政策和规划。

发展薪炭林被认为是扩大农村生物质能资源量的主要途径。从“六五”计划（1981～1985）开始，国家正将薪炭林的发展与其他四类森林一同纳入国家造林项目和农村能源发展战略。截至1998年年底，中国薪炭林造林面积已达530万hm^2，平均每年增加250万t薪柴，但从1999年后炭林造林面积却逐渐递增，2008年薪炭林的造林面积仅有0.40万hm^2，反映出薪炭林在农村能源战略体系中的地位进一步弱化。除了薪炭林造林计划，还积极推广省柴节煤技术，其中，生物质炉灶的推广无疑是最为成功的。1983年中国政府有计划地在农村开展改灶节柴试点县工作，并把“改灶节柴”纳入了第六个五年计划。截至2007年，农村累计推广省柴节煤炉灶1.51亿户，累计投资大约20多亿元，使该项目可称为最为广泛的农村能源发展项目之一。同时，大力发展户用沼气被认为是最有希望解决中国农村能源和经济发展问题的方法之一。沼气建设采用政府补贴与农村自筹相结合的融资方式，在自主建造、自主管理和自主使用的原则下建沼气池。特别是2003年以来每年10亿元国债补助农村沼气项目建设，沼气技术已从解决农村能源短缺发展成为重要的能源——环境工程技术。中国北方一般推行“四位一体”的沼气模式，即将沼气池与猪舍、温室大棚以及厕所结合为一个整体，而中国南方则普遍流行“猪－沼－果”、“猪－沼－菜”以及“猪－沼－粮”等“三位一体”模式。

由于小风电、小水电具有投资小、建设周期短等优点，成为中国农村电气化的主导战略之一。1982年水电部开始筹划建立100个农村电气化试点县，并确定了“自建、自管、自用”的方针；1996年以来国家计委相继提出了“乘风计划”和“光明工程”等新能源与可再生能源国家计划，通过利用像风能和太阳能光伏等可再生能源技术为偏远地区的居民提供电力。2002年底，国家发改委又组织实施了“送电到乡”工程项目，在电网难以覆盖的边远贫困山区，因地制宜地利用当地的风能、太阳能、小水电资源，以离网的方式解决中国1061个无电乡的电力供应问题。该方案已于2003年6月完成安装，下一个阶段任务是“送电到村”，从而解决剩下的2000多万偏远地区无电人口的用电问题。同时，从1998年开始，国家投入1800亿元资金对2309个县农村电网开展“两改一同价”建设改造（改革农电管理体制、改造农村电网、实现城乡同网同价）。

小煤矿是颇具中国特色的能源建设类型。国家对小煤矿发展的政策演变，很大程度上体现了中国农村能源政策制定与执行过程中存在的政策不稳定、不连续、目标模糊以及政策之间存在冲突等问题。1998洪水灾害后，中国的区域环境政策（涉及农村能源政策）有了明显的转变。就农村地区而言，国家除了强调满足能源需求外，开始更多地关注生态保护建设、全球气候变化等问题。退耕还林（草）政策、天然林保护工程等政策必然会对农村生物质能源的收集和使用产生影响。许多农村地区开始采取封山育林的措施，禁止采伐薪柴。与此同时，农村剩余劳动力进城务工者的增加，一定程度上相对减少了农村地区能源消费，也减轻了农村薪柴采伐的压力。而进城务工农民接触到城市生活，开始追求城市居民所拥有的电视机、洗衣机、电饭煲以及汽车等，对农村居民消费模式带来极大的冲击。

中国农村能源政策另一个重要变化的标志是法律法规体系建设，即1998年颁布的《节约能源法》和2006年颁布的《可再生能源法》。由于缺乏具体的操作规定，《节约能源法》在实际中很难得到具体的体现。相比之下，在《可再生能源法》中对发展小水电、生物质能源、风能、太阳能、地热能和潮汐能等可再生能源在税收、信贷财政补贴等方面作出了明确的规定。其基本的初衷是希望该法能推动农村新能源的革命，重点发展以可再生能源为核心的农村能源产业。

中国农村能源政策的上述变迁，是农村能源的从属地位和政策环境变化的结果。从某种意义上，中国农村能源是全国能源体系建设的缓冲器。早期在能源短缺阶段，农村能源的相关政策是鼓励自力更生，初衷在于解决农村能源严重短缺问题。但问题还没完全解决就迎来了国家能源安全问题，在能源可持续发展战略的引领下，农村能源服从、服务于国家能源，政策的重心转向可再生能源的开发和利用上。后由能源消费产生的温室气体引发的全球变暖问题使得国家能源问题国际化。以可再生能源为主的农村能源被要求为国家减缓和适应气候变化作贡献，农村能源政策目标进一步多元化。然而，当前农村能源仍然游离于国家商品性能源供给体系之外，仍然没有真正上升到国家的战略体系中。[48]

7.3　乡村低碳发展之路

7.3.1　乡村“高碳性”发展的困境

作为农业大国，我国长久以来大都实行的是粗放型的经营方式，随着农村城镇化、工业化进程的加快，当前我国低碳农村建设的“高碳性”主要体现在以下几个方面。

（1）农业生产污染日趋严重

在农业生产过程中，由于农用化肥的不合理施用、农业机械的迅猛发展和畜禽的高碳养殖方式等，使得农业生产过程中的碳排放量不断升高，制约了我国低碳农村的建设。一是，农用化肥的不合理施用。为提高土地产出水平而大量使用化肥，且施用量不断上升。一方面，加速了农田土壤中有机碳的矿化，向大气中排放大量的二氧化碳和甲烷；另一方面，由于我国生产化肥（尤其是氮肥和磷肥）仍旧以煤炭为主要原料，故随着化肥产量的增加，生产所耗费的煤炭总量也不断上升，温室气体排放量大大增加。二是农用机械的迅猛发展。当前广大农村地区所使用的农用机械能源大都为汽油、柴油或电力等，这些能源大都为高碳能源，加之地块分散、农业生产人员操作水平低，导致机械作业效率低、能源浪费严重、废气排放量大。三是畜禽的高碳养殖方式。规模化畜禽养殖造成的有机污染成为当前我国农村地区最为重要的污染问题之一。畜禽养殖中产生的污水、畜禽粪便中含有大量的有机物氮、磷等，严重威胁农村地区水体质量和农田环境。据国际粮农组织统计，仅畜禽养殖生产活动产生的温室气体就达到全球温室气体总量的18%，其中氧化亚氮约占65%，甲烷约占37%，且二者的“增温效率”远远超过二氧化碳。除上述三种主要制约低碳农村建设的因素外，农药和农用塑料薄膜的大量使用不仅会对土壤和水体造成危害，而且在分解过程中还会释放大量的温室气体，因而也是低碳农村建设中不可忽视的问题。

（2）乡村企业污染严重

农村工业化以农村资源的就地开发、就地利用为主要特征，它是破解“三农”问题、实现农业现代化、建立城乡经济社会发展一体化格局并最终统筹城乡发展的重要步骤。乡村企业作为农村工业化的主要实现形式，得到各地方政府的鼓励和支持。然而，由于乡村企业规模小、布局分散、技术落后，加之生产经营者环保意识淡薄，且多数乡村企业为高碳排放企业，在发展农村经济的同时不仅导致农村“三废”的出现，也增加了农村温室气体的排放量。

（3）农民生活能源消费结构单一且效率低下

低碳农村建设不仅要求农业生产实行低能耗、低排放、低污染的发展模式，而且要求将低碳理念应用到农民的日常生活中，而农民生活中阻碍低碳农村建设的最主要问题，是农民生活能源消费结构单一且效率低下。当前我国农村生活用能仍旧以薪柴和煤炭为主，其他可再生清洁能源则很少应用。农村生活煤炭消费量不仅绝对数量大，其在城乡生活煤炭总消费量中所占比重也是不断上升。更严重的是，由于农村居民大都采用传统的非省柴灶，对煤炉的使用也是在正常的使用后任由其随意燃烧，能源使用效率低下，造成能源的浪费和温室气体的大量排放。

7.3.2 乡村低碳发展的必要性和可行性

1）乡村低碳发展的必要性

在气候变暖和低碳经济浪潮席卷全球的背景下，我国农村不可能不受影响继续按原来的路径发展。“十二五”规划纲要也明确指出要加快低碳技术研发应用，控制工业、交通、建筑和农业等领域温室气体排放；提高农业、林业等重点领域和地区适应气候变化水平。我国发展低碳农业、构建低碳农村的压力主要来源于以下几个方面。

（1）气候变化威胁农业生产

气候是自然环境的重要组成部分，是人类生存、社会进步和经济发展的基本条件，它的任何变化都会对自然生态系统和社会经济系统产生重大影响。农业生产所依赖的光、热、水等气候因素决定了其是受气候制约最大的领域。气候变化将改变农业病虫害和气象灾害发生规律，直接影响农作物布局、种植结构和产量，严重威胁着一国的农业安全，尤其是粮食安全，气候变化已导致一些地方粮食作物减产。有研究表明碳排放率每变动1%可能导致0.07%的农业灾害变动率。

由于各种因素的限制，目前国内外关于气候变化对农业生产的影响研究主要集中在观测试验和模型模拟领域。尽管如此，针对气候变化对农作物种植布局、生长发育和产量、品质、农业成本影响方面的研究都已取得了可观的研究成果，并开始用于指导农业生产。我国也高度重视气候变化对农业的影响，农业部在2009年12月也启动了“气候变化对农业生产影响及应对技术研究”项目，旨在研究气候变化对我国农业影响的关键产业、区域、因子，研究具体应对技术，为未来农业的可持续发展提供技术储备和保障。

（2）农业生产已成为温室汽体（GHG）的重要来源

作为主要温室气体 CH_4 在自然界的排放主要是生物厌氧腐解，人为排放因素主要有废水污染、农业畜牧活动，而 N_2O 的排放源也多与农业畜牧相关活动。IPCC AR_4 指出农业是 GHG 的第二大重要来源，2005 年农业 GHG 占到当年人类活动温室气体排放的 10%～12%，其中 CH_4 和 N_2O 分别占到其总排放量的 50% 和 60%。林而达（中国农科院农业与气候变化研究中心主任）也曾指出“在全球来看，农业温室气体排放占总排放的 14% 左右，其中主要是甲烷（CH_4）和氧化亚氮等非二氧化碳温室气体排放。”统计局数据显示 2005 年农业 CH_4、氮排放量占其总排放量的比重分别为 50.0% 和 92.7%。根据 SRES 估计，2030 年 CH_4 排放浓度可能为 8.1GtCO_2－eq 到 10.3GtCO_2－eq，与 2000 年相比增幅区间为（19%，51%）；2030 年 N_2O 排放浓度可能为 3GtCO_2－eq 到 3.5GtCO_2－eq，与 2000 年相比增幅区间为（－13%，55%）。EMF－21 也预测 2030 年 CH_4 排放浓度可能接近 7.5GtCO_2－eq 到 11.3GtCO_2－eq；N_2O 排放浓度接近 2.8GtCO_2－eq 到 5.4GtCO_2－eq，相比 2000 年增幅区间为（－17%，58%）。即便按 50% 的排放贡献率来看，农业 CH_4、N_2O 等 GHG 对全球温室气体排放浓度的增加也负有不可推卸的责任。

（3）农村环境亟需改善

我国农业农村污染占比已高达全国污染的 1/3 以上，其中农业源污水排放量占全国主要污染物排放量中的比例更是高达 40% 以上。全国污染第一次普查公报显示农业源化学需氧量、总氮排放量、总磷排放量分别占全国的 43.7%、57.2% 和 67.3%；铜、锌重金属污染物 7314.67 吨，约占全国的 8%；畜禽养殖业的化学需氧量和总磷排放量分别占农业源主要污水排放的 96% 和 56%；种植业的总氮排放量占农业源主要污水排放的 59%；铜、锌重金属的排放主要集中在禽畜养殖业的水污染物排放中。第二次全国农业普查显示 80.6% 的镇生活污水未经过集中处理，63.3% 的镇没有垃圾处理站，84.2% 的村没有实施垃圾集中处理，87.2% 的村使用旱厕、简易厕所或无厕所。农村平均每年产生生活污水 90 多亿吨、生活垃圾 208 亿吨。此外，“十五小”乡镇企业的普遍存在，城市高污染工业向农村的转移以及采石开矿、毁田取土、陡坡垦殖、围湖造田、挖河取沙、毁林开荒等不合理的生产行为的大量存在。生产生活污染物的排放导致农村生产生活环境不断恶化，而农村环境保护基础设施薄弱又加剧了这一现状，这严重影响了农民的生活质量和生命安全，解决农村环境问题已迫在眉睫。

（4）节能减排约束性目标的要求

“十二五”纲要指出要综合运用能源结构调整、产业结构调整、节约能源、提高能效、增加森林碳汇等多种手段促进节能减排，两会有关信息也显示我国正努力探索节能减排和低碳发展的各种途径，以积极应对气候变化。根据最新统计我国乡村人口占总人口的50.1%，第一产业占GDP的10%，农业农村的节能减排在全国节能减排中的作用日益显现。

2）乡村低碳发展的可行性

2009年全球农业温室气体研究联盟成立，它在充分肯定了农业在国家应对和缓解气候变化的重要地位，并从侧面证实了农村在节能减排、发展低碳经济中具有一定的潜力。德国波斯坦气候影响研究所研究发现，通过消费习惯的改变和农业技术的不断改进，到2055年全球因农业导致的GHG有望比现在减少84%。我国也已加入了全球联盟，并于2011年成立中国工作组以推动国内低碳农业研究，促进农村低碳经济发展。

（1）农业系统具有固碳和碳汇效应

农业的固碳和碳汇效应主要是指：植物通过光合作用将大气中的二氧化碳转换为碳水化合物，并以有机碳的形式固定在土壤或植物体内。土壤是陆地生态系统最大的碳库，土壤在1m深度内保有的有机碳库和无机碳库分别为1500Pg和1000Pg，整个生物圈内75%的碳以有机质的形式存在于土壤圈中。资料显示，占地球1/3的森林地区几乎占到50%的陆地碳库碳储量，因此森林又被称为二氧化碳的“吸收器”、“储存库”；目前耕地固碳作用仅为由农作物秸秆还田形成有机肥的碳固定。IPCC统计表明土壤固碳（减少土壤二氧化碳释放）对全球农业减排技术潜力的贡献率高达90%，相当于每年可以减少4950~5400Mt二氧化碳的排放。此外，长期研究模型显示农业碳汇的境界潜能随碳排放价格而定，土壤碳存储作为农业碳减排的主要机制对技术潜能贡献率高达89%。

（2）农业生产节能减排空间巨大

由于化肥生产、农业机械使用和电力生产中都使用了大量煤炭、石油等化石能源，因此随着农业机械化、化学化和农村电气化发展，我国农业的能源消耗也在不断增加，但第一产业贡献率却在逐渐减少。这在一定程度上体现了农业生产高能耗、低能效的特征。关于农业生产中氮肥使用的相关研究也证明了这一点。英国土壤科学协会原会长、洛桑试验站的高级研究员大卫·鲍尔森与西北农业大学合作调查发现，农民使用现有的氮肥量和使用建议较少的氮肥量，农作物收成几乎不变。我国科学家的研究也表明减少 30% ~60% 的氮肥施用量不会对小麦、玉米、水稻等农作物的产量产生影响。

同时，相关数据及研究资料显示我国单位耕地化肥施用量高达 434.3 千克/公顷，但利用率仅为 40%；单位农药使用量为 13.4 千克/公顷，其中有 40% ~50% 的高度浓烟残留在土壤中；由于农用机械的陈旧率高且排放标准比较低，农机能耗占我国年燃油量的 40%，节能型农用机械使用率更是不到 10%；只有 1.8% 和 0.8% 的耕地采用了喷灌和滴灌、渗灌方式；2010 年节水灌溉面积占有效灌溉面积的比重仅为 45%，灌溉水平均利用系数为 0.4 ~0.6，远低于发达国家的 0.8 ~0.9；农膜回收利用率低；农业秸秆还田率仅为 15%，现代农业发达的美国则高达 90%。能耗高、效率低、浪费大的农业生产现状也从侧面反映了我国农业生产有较大的节能减排空间。

（3）乡镇企业节能减排势在必行

乡镇企业是我国农村经济的重要支柱，在吸纳农村剩余劳动力和提高农民收入方面有重要的作用。由于先天不足和后天制约，我国的乡镇企业大多为污染企业，再加上粗放式、掠夺式的发展方式，乡镇企业生产活动严重污染了农村环境。据统计乡镇企业的工业废水、废渣、废弃物排放分别占全国的 21%、24%、37%；与城市同类型工业企业相比，乡镇企业的单位产值的废水排放量、废水主要污染物、有毒污染物分别是城市的 2.6 倍、2 ~3 倍和 3 ~10 倍；工业废气净化率仅为城市的 40%。随着我国产业结构的不断升级和建设环境友好型社会的不断深化，通过技术、工艺改造等推动乡镇企业节能减排已势在必行。

（4）生物质资源低碳利益前景广阔

生物质能源在我国节能减排以及低碳经济战略转型中有重要作用，而作为唯一生产生物质的农业，其节能减排的优势在农村生产生活中一直被忽视，甚至反过来成为重要的碳源。农村每年可生产约 7 亿吨的秸秆、2.34 亿吨的禽畜粪便、1.63 亿吨尿液，却大都被当作废弃物焚烧或直接排放，不仅浪费了生物质资源，也使得农村污染日益严重。秸秆、畜禽粪便经过相应的技术处理后是可以转换为沼气、有机肥等清洁低碳农业生产生活能源，具有一定的经济价值。如邓州的大唐生物质能热电项目每年耗费玉米、棉花等秸秆23万吨，可生产相当于燃烧8.5万吨标煤产生的清洁能源，同时还为农民带来了5000多万元的秸秆收入。此外，《可再生能源发展“十二五”规划》中也提出：到2015年，要实现农林生物质发电800万千瓦，沼气发电200万千瓦。发展经济、保护环境的双重效应使得生物质能开发成为发展低碳经济的“新宠”具有广阔的发展前景。

此外，农业普查公报显示农村炊事能源消费结构中柴草占60.2%，煤炭占26.1%，煤气或天然气占11.9%，沼气占0.7%，电力占0.8%，其他能源占0.3%。可以看出热能值低的柴草和煤炭占农村能源消费结构的86.3%，而热能值较高的天然气和沼气仅占农村能源消费结构的12.6%。不合理的炊事能源利用结构也反映了我国农村生活用能的节能减排有一定潜力。

7.3.3　低碳乡村发展环境的SWOT分析

构建低碳农村作为我国发展低碳经济的一个重要组成部分，是一种新的发展理念，为农村实现跨越式发展提供了一个契机。通过SWOT分析可以明确农业、农村发展低碳经济的优劣势，把握外界机会，并积极防范可能存在的威胁和风险，有利于明确农村低碳发展的战略方向和制订科学、合理、有效的低碳农村发展对策。

1）优势

（1）具有低碳发展的经济基础

“十一五”期间，我国农民人均收入（按可比价格计算）年均增长率为8.9%；农林牧渔业增加值累积增长为81%，农业机械总动力年均增长率为6.23%；农业科技进步贡献率累积增长16%；乡镇企业增加值年均增长率为12.9%；农产品加工工业产值占农业总产值比累积提高了0.6%；粮食、棉花、油料、糖类、肉类、禽蛋类、奶类、水产品总产量年均增长率分别为2.44%、0.86%、0.98%、4.9%、2.69%、2.55%、5.7%、3.98%；2003~2010年中央财政支农年均增长21.9%。可以看出随着近年来我国强农惠农政策的实施，农民收入的不断增加、农业综合生产力的稳步提高、农业内部结构及种植结构的不断优化、政策支持和科技创新体系的不断完善，这些都为建设低碳农村提供了一定的经济基础。

（2）存在广泛的低碳形态和技术

发展低碳农村经济虽然是一种新的发展理念和思路，但在我国可持续农业、循环农业、生态农业、新农村建设和构建“两型社会”的多年探索中，低碳型的农业形态、技术早已存在。主要模式有：节约型农业，指充分利用农业生产所必须的土地、光、热、水，通过农林、农牧、林牧、渔牧等结合方式发展节地、节水农业；高效型农业，强调通过农业技术进步和科学管理促进农业生产效率的提高，如测土配方施肥技术、滴灌喷灌技术和休作、轮作、免耕等农田管理方式；无公害化农业，其出发点是减少农业生产有害物投入，如在农业生产中使用农家肥、生物农药、生物治虫、可降解农膜等无害或有害程度较低的投入品替代高效化学制品；种养废弃物循环利用模式，主要指通过农业自身的消化和吸纳能力循环利用农业废弃物，如禽畜粪便直接堆肥和加工成有机肥还田，秸秆绿肥直接还田或加工成饲料还牧；农村清洁能源，指充分利用农村秸秆、禽畜粪便、部分生活垃圾等生物质能和太阳能、风能、水能等自然资源解决农村生产生活用能，如秸秆发电、秸秆气化、水力风力发电、太阳能热水等；观光旅游休闲农业，侧重利用农业的自然生态环境挖掘其经济价值，如发展农家乐、农产品采摘、农业观光等经济模式。它们节约、高效、无害化、清洁化的发展理念和技术符合低碳经济发展要求，为发展低碳农村经济提供了实践、技术等物质基础。

此外，截至2010年，全国有效绿色食品、有机产品标志有效使用企业分别为6391、1202家，涉及产品16748、5598个；无公害种植业产地占全国耕地面积的40%；认证农产品占同类农产品商品总量的30%。这些低碳认证产品技术及相关企业的发展也对低碳农业农村建设有一定的促进作用。

（3）节能减排有相对成本优势

受经济条件影响，农村家庭生产性固定资产投资水平低，限制了先进的技术和高效农业设备的使用，加剧了农村生产生活高能耗、低能效现状。据相关统计分析，1995~2009年，我国第一产业贡献率总体上呈下降趋势，其中第一产业贡献率从9.1%下降到4.5%，累计下降4.6%，贡献率变动率高达100%；第一产业对GDP总值增长拉动的波动比较明显，下降趋势不太明显；

而农业能源消费总量却在不断上升，累计增加3542万吨标准煤，累计增长率达60%。农村、城市人均单位收入生活用能量都出现了先上升后下降的趋势，农村、城市单位人均收入生活用能量从2000～2009年分别下降了0.002%和0.012%。总体上讲农村单位人均收入生活用能量仍大于城市，但单位人均生活用能量的下降却明显低于城市。农村农业发展高能耗、低能效的现状，在某种意义上意味着其能源利用提升空间大，节能减排的成本相对较低，这表明我国发展低碳农业、构建低碳农村具有一定的相对成本优势。

（4）碳汇和生物质资源丰富

农业既是“碳源”也是“碳汇”，关键是在于如何利用。研究发现我国土壤有机质含量每提高1%，可净吸收306亿吨二氧化碳，林牧每生长$1m^3$，可吸收二氧化碳1.83吨。采石开矿、挖河取沙、毁田取土、陡坡垦殖、围湖造田、毁林开荒等不合理的生产行为不仅会减弱植物的碳吸收作用和土壤的碳固定和转移功能，而且会增强农业的“碳源”作用。相反，退耕还林、植树造林、土地侵蚀治理、有机质修复、土壤肥力修复、改进饲料技术、提高牧场生产效率等合理的生产行为则有利于二氧化碳的吸收、固定和转移，对农业农村碳排放起到“减源增汇”作用。

通过简单的技术处理，农业系统可以使一些废弃物和生物资源以有机物质和能源的形式返回到农业生产生活中。不仅可以减少废弃物的GHG、提高土壤有机质、增加农村清洁能源的生产，还可以多渠道提高农民收入，推动农业农村低碳经济的持续发展。如一个$8m^3$的家庭沼气池，每年可生产沼气$700m^3$，其热量相当于燃烧3亩薪炭林，可节约600元造林费用；沼气使用可节约500元左右的生活用能费用；提供的沼肥，相当于400公斤碳铵的肥效，可节约100元左右的农业成本（按2011年碳铵的出厂价计算）；沼液可以作为饲料添加剂，可使猪出栏期提前20～30天，平均每头猪节约成本40元左右。可以说，农业减源增汇的双重作用及农村丰富的生物质资源为低碳农村发展提供了资源优势。

2）劣势

（1）分散经营阻碍低碳技术推广

低碳经济是一个完整的系统，通过延长农村生产生活产业链，可以实现农业清洁生产和农村清洁生活。目前我国实行包产到户的家庭联产承包责任制使得农户成为农村基本的生产单位，受其经济条件、知识和技术水平、经营理念影响，农户生产活动以分散进行为主。而分散的农户生产、经营模式是我国农业生产投入不足，农村经济发展后劲不足的主要原因。在发展低碳经济方面，它不仅不利于低碳产业链的形成，而且还会使农户实施低碳措施的效应外溢，降低农户参与积极性、不利于低碳技术的创新和使用。同时，受土地流转制度及土地社会保障功能作用的限制，我国农村生产生活规模化、组织化、产业化程度低，到2010年只有40%的农户参与产业化经营，奶牛、生猪化养殖比重也仅为28%和35%，严重制约了低碳农业的发展。

（2）“高碳性”发展方式的锁定效应

锁定效应本质上是指对现有状态的一种路径依赖，农业农村发展的锁定效应主要有认知性锁定效应、技术性锁定效应、政治性锁定效应。目前我国农业农村的发展基本上处于一种“自然”状态，经验主义在农业生产中仍有重要地位，农村也多是依自然形态发展。这使农村发展认知性锁定效应明显，新技术、新理念在广大农村地区接受周期长，如绝大多数农村基本上仍没有发展规划或仅是废纸一张。技术性锁定效应主要体现在农业增产对化肥、农药依赖程度高；基础设施投资大、使用周期长；农业生产技术变革成本高、阻力大。由于农村特殊的社会地位，长期以来乡土观念和土地是农民最后的保障等政治因素在广大农村地区根深蒂固，不利于规模化、现代化和低碳化的农村生活生产组织方式推广，这是农村低碳发展的政治性锁定效应。

发展低碳农村经济就是要用低碳理念和技术改造和创新农村生产生活方式。认知性、技术性锁定效应对农村经济的发展固然有重要的影响，但通过采取相应的措施是可以打破这种效应的，如加大宣传、实施技术改造、经济利益引导和建立监督机制。而改变政治性锁定效应仍然要依靠相关政治措施，如领导的重视和宏观层面的政策支持。

（3）农业农村环保制度建设空白

我国目前仍没有专门的农村环境保护法，《中华人民共和国环境保护法》虽然对我国农村环境污染治理有所涉及，但可操作性差、适用性不强，详细的养殖业、畜牧业、农药、化肥管理法规更是无从谈起。农村环保基础设施建设更是少之甚少，第二次全国农业普查显示只有19.4%、36.7%的镇生活污水集中处理且有垃圾处理站，仅15.8%的村实施了垃圾集中处理。立法、环保基础设施方面的缺失，导致农民环保意识差，甚至对污染引起的侵权行为放任自流。相关职能部门执法监管不够深入，农村地区缺乏环境监管力量，无效的监管某种意义上鼓励了污染，使农村环境问题更为严重。

农村环境污染严重主要是由农村生产生活活动引起的。低碳农村建设是一个长期的见效慢过程，环境污染治理也是个逐渐的过程，这会抵消低碳经济的效果，不利于调动各主体参与积极性和低碳技术、模式的推广。同时由于农业产品的特殊性，农村环境污染对人们的生命健康有直接的影响，“癌症村”、“肿瘤村”、食品中毒等事件就是最好的证明。

（4）农业从业人员素质低下

农业机械化的发展释放了农村大量劳动力，而农村剩余劳动力的转移又造成了农村空心化、农业兼业化、妇女化、老龄化等问题。普查显示3.49亿农业从业人员中女性占53.2%；51岁以上的占32.5%，而青年（21~30岁）仅占14.9%；小学、初中文化程度的占45.1%，高中及以上的只有4.3%；农业技术人员207万，其中55%不在农业生产经营单位从业，72%的只有初级职称。2009年农林牧渔业研究与开发人员占全国研究与开发人员的0.53%，截至2010年只有75%的县级基层农技乡镇推广站改革到位。总之，农业人员总体受教育水平低、年龄结构大、性别结构不合理；农业技术人员、研发人员缺乏，相关培训少（目前为三年一训），农村高素质劳动力相对短缺。

农业从业人员和技术人员是发展低碳农业农村经济主体和主要推动者，作为一种新生事物，低碳经济发展需要高素质的从业人员，以接受、贯彻其发展理念和理解、掌握其发展技术。而目前我国农村从业人员素质低、农业技术人员少、农技推广站体制落后，这些都制约了低碳经济在农业农村经济的发展。此外，相关从业人员素质低直接导致农民低碳意识淡薄，参与低碳生产生活的积极性不高，进一步增加了低碳技术推广的难度。

（5）低碳农业发展资金匮乏

农民和政府财政是我国农业投资的两大主体，其中农民是主要投资主体，国家财政支农主要是用于农业基础设施建设，仅起补充作用。2001年以来农村人均年支出、收入一直呈现稳步上升趋势，人均年支出一直大于年收入，且差距越来越大。农村经济“入不敷出”，这在一定意义上也说明了农村资金存量处于一种负增长状态，流失严重。农村平均每人购置生产性固定资产支出占总现金支出的比重围绕3%波动，说明了农户农业生产投资能力弱、资金匮乏，与不断上升的支出相比，生产性固定资产支出实际是在减少。虽然2000年以来，财政支农支出总量不断提高，从1231.54亿元提高到8129.58亿元，累积增长率达560%，增长了将近5倍，但财政支农占财政总支出的比重仅从7.75%提高到9.05%，提高了不到2%。总地来说，在要素趋利性因素的影响下广大农村的闲置资金都流向了收益高的城市地区，农户对农业生产的消极投资和财政支农资金有限，导致农业发展资金匮乏。农村低碳经济的发展必然要求扩大相关资金投入，而实际的投入资金匮乏，不利于低碳农村的发展。

3）机会

（1）政治层面高度重视

IPCC、FAO等国际组织对农业在减少GHG中作用的肯定，强化了各国政治层面上对发展低碳农业的重视。我国农业部在2007年发布了“农业农村节能减排十大技术”，启动了“测土配方施肥”项目；2009年12月启动了“气候变化对农业生产影响及应对技术研究”项目；2011年发布了“关于进一步加强农业和农村节能减排工作的意见”。《国民经济和社会发展第十二个五年规划纲要》指出，新增森林面积1250万公顷用于增加森林碳汇；控制农业等领域温室气体排放；推广绿色消费模式等。《全国农业、农村发展十二五规划》中也提出了明确的农村废弃物资源循环利用工程及其发展目标。具体有农村清洁工程、农村沼气工程和秸秆能源化利用工程，其中要求适宜农户沼气普及率和农作物秸秆综合利用率分别达到50%、80%以上。政治层面的高度重视，有利于解除农村经济发展的政治性锁定，为低碳农业农村提供技术支持、方向指引和资金投入。

（2）国际碳交易市场的初步建立

国际碳贸易市场的初步建立，碳排放权在国际市场的交易，使得温室气体排放不再是免费的资源，而成为具有经济价值的商品；“减源增汇”的低碳行为也不再是完全的生态保护行为，更多的是追求经济利益的结果。我国处于工业化中后期，经济发展要求更多的碳排放权，而农业系统的天然碳汇效应，可以抵消部分碳排放，促进我国工业的顺利转型。此外，碳贸易将会带来更多的CMD项目，为我国低碳发展提供技术和资金支持。

（3）世界能源危机要求发展低碳化

世界经济发展所依赖的石油、煤炭、天然气等化石能源，是不可再生资源，其在全球范围内的储量是有限的，而世界经济发展对能源的需求却是无限的。从2010年主要国家一次能源消费结构表中可以看出，原煤、原油、天然气是目前世界各国的主要消费能源，合计消费均占到总能源消费量50%以上；核能、水利能源和再生能源在各国能源消费结构中所占的比例一般都很小；德国、巴西和法国的再生能源、水力能源和核能消费结构分别高达58%、35.21%、38.39%，居世界首位。这说明世界各国的能源消费仍然是矿物质不可再生资源，但各国都在积极改变现有的能源消费结构，开发各种可再生能源，并在个别国家已经取得一定的效果。生物质能源作为一种低碳型可再生资源，也逐渐受到世界各国的重视，而农业是唯一一个生产生物质的部门。因此发展农村低碳经济，尤其是提高农村生物质资源的综合利用率，可以在一定程度上缓解世界能源危机。

4）威胁

（1）整体技术研发能力有限

目前我国的研发支出占GDP的比重不足1.5%，与发达国家2%和世界500强企业5%~10%的水平相差较大。按人均经费算只有日本的14%。我国科技成果转化率目前不到20%，且只有5%的成果能最终形成产业，远远低于发达国家70%~80%的转化率，也低于印度50%的转化率。农业相关技术研发更是不足，2009年农林牧渔业研究与开发项目占全国研究与开发项目的0.28%。全球应对气候变化的行动将会使人类社会在经历农业社会、工业社会、信息社会后步入低碳社会，一系列的技术创新活动也随之展开，低碳核心技术的掌握将成为综合国力的重要组成部分。在我国研发能力有限的条件下就要有侧重的选择技术研发，关键要从国家战略角度研发低碳技术，提高核心技术自主创新能力，同时充分利用靠商业性技术贸易和技术的自然溢出效应，不断提高我国科研能力。

（2）粮食安全影响重大

“民以食为天”，粮食作为最基本的生活资料，是关系国计民生和国家经济安全的重要战略物资，因此确保粮食生产和供应对各国都十分重要。气候变化威胁粮食安全生产，而农业生产的低碳化发展对粮食产量的增长作用要间隔一段时间才能显现。我国人口压力大、人地矛盾严重，保证粮食生产自给自足一直是我国政府高度关注的问题，如确保粮食安全是《全国农业、农村经济发展“十二五”规划》的主要目标之一。传统粮食安全观一定程度上鼓励了化学农业的发展，阻碍了低碳农业的发展。

（3）减排国际压力大

作为第一大温室气体排放国和最大的发展中国家，我国面临着经济发展和节能减排的双重压力。目前我国在国际分工体系中处于产业链末端，以能源为原材料的重工业在国民经济中的比重很高。工业化的进一步发展带来的能源消耗的不断增加，势必会导致 GHG 不断增加，而实施节能减排也会限制相关高排放行业的发展，制约我国经济的发展。统计数据显示，全球、中等收入国家和我国 1990 ~ 2005 年 CH_4 排放量增长率分别为 9.9%、12.9%、32.6%；2005 年农业 CH_4、氮排放量占其总排放量的比重分别为 43.1% 和 82.56%，46.6% 和 84.95%，50.0% 和 92.7%。高于世界和中等收入国家的氮排放增长率、农业 CH_4 和氮排放增长率，说明了我国在农业温室气体排放方面也面临着较大的国际压力。

（4）国际减排共享机制尚未形成

温室气体排放有国界，而排放所带来的影响却是没有国界的。减排承诺与各国自身的利益直接相关，这使得统一的减排意见很难形成，历次气候会议，都没有就这一问题达成一致意见。虽然各种低碳 CDM 项目已经实施，但发达国家在 CDM 项目建设的强话语权，某种意义上会对发展中国家造成“二次剥削”。由于排放所造成的负外部效应和减排所带来的正外部效应难以完全量化，因此碳排放的相关测量技术及标准和减排技术的共享机制的建立在解决气候问题中作用重大。

综上所述，可以看出我国低碳农村的发展环境正在不断改善：有利因素不断增强，不利因素逐渐弱化。缪尔达尔的“循环累积因果”理论启示我们，只要能抓住机遇将自身发展的优势变为现实的经济优势，并不断强化这一正循环，就能提高农村经济系统自我发展能力，实现低碳农村的跨越式发展。低碳农村发展应以增长性战略（SO）和扭转型战略（WO），多种经营战略（ST）和防御性战略（WT）为辅；应该从体制、政策、经济、技术和市场化方面做有益探索。

7.3.4 低碳乡村发展的对策

根据低碳农村发展环境的SWOT分析以及国外相关措施对我国的启示，本书主要从法制建设、政策体系构建、低碳形态完善和发展、低碳农村技术服务体系的建立、低碳经济市场化、低碳发展理念的树立六个方面提出了我国低碳农村发展的对策。

（1）完善相关法律及制度建设

制度是规范人们行为的准则，其所具有的约束性和激励性能有效的引导和规范人们的行为。法律是一种具有普遍约束力的社会规范，其所具有的强制性能高效的解决社会问题。建立健全相关法律、制度，充分发挥其约束性、激励性和强制性作用，对低碳农村的发展具有重要意义。

加快农村环境保护立法、农业生产和农村碳交易立法工作。目前我国农村环境保护立法缺失，相关低碳立法更是少之甚少，由于缺乏足够的法律法规对其行为进行约束，各主体在利益最大化的驱动下会忽视对周围生态环境的影响，从而加剧农地碳排放。对碳减排、能源使用、农村环境保护等方面的立法，使低碳农村发展有法可依，有利于其发展的稳定性和可持续性。根据国外经验，在不断健全和完善促进低碳经济发展的基本法的基础上，各专项法规的制定更为重要。如完善农村节能设施租赁制度、农药化肥及其废弃物管理制度，完善测土配方施肥法，完善基层农技推广站考核体制改革、绿色环境标识制度、区域环境保护补偿制度、绿色经济核算制度、农产品安全质量生产与碳排放标准检测制度，建立农村生物质资源综合利用法、农村沼气池建设使用规范、农业机械能耗标准等。广义上讲，还应该实行相关农村节能减排的管理考核责任制及其执法监督，为我国发展低碳农业、建设低碳农村提供长效机制和法律保障。

完善并推广农村土地经营流转制度。目前我国典型的小农生产方式虽极大地调动了广大农民生产的积极性，促进了农村经济的发展，但其分散性却成了农业现代化和低碳农村发展的障碍。低碳经济是一个系统的产业化经济，也是一个“草根”经济，分散的小农生产阻碍了我国农业生产规模化、专业化、组织化、产业化发展，不利于低碳产业链的形成；导致农户实施低碳措施的效益外溢，降低农户参与积极性，不利于低碳技术的创新和推广；增加了低碳理念宣传、技术推广、设施普及的成本。因此应通过财政补贴和税收优惠等政策，鼓励土地使用向低碳化方向转变，并逐步实现土地低碳化流转制度化。对土地入股、规模租赁、公司+农户等流转方式要通过相关制度、法律保证土地的低碳化经营。对各种合作社和其他组织，可以通过对其低碳化发展实施财政补贴、信贷优惠等政策，鼓励其低碳化经营。

革新现有的农技推广体制。传统的基础农技推广制度，尤其是绩效评价方法，未能充分体现农技推广人员的主体的地位，再加上经费不足，许多地方的推广站形同摆设，一方面浪费了资源，另一方面也阻碍了适用性农业技术的创新。鉴于此，应将农业技术推广的成果纳入对技术推广人员评价体系实行绩效工资，并对在实践中有创新的人员实行额外奖励制，同时改进人才引进制度，调动农技人员的主体意识，使其积极参与低碳农技推广和创新。

充分利用财税政策调节各制度主体的利益。新制度经济学认为，经济主体的行为总是在一定约束条件下经过成本收益比较的理性最大化行为，一种制度的施行，只有通过改变经济主体的成本收益函数才能起作用。低碳农业农村相关制度的建立只有充分考虑各制度主体的利益，才能收到预期效果。通过税率、税基、税种、财政专向预算、财政支农结构、低碳补偿等手段，充分发挥财税政策在低碳经济发展中激励相容的调节作用。

（2）以“低碳化”引领农村政策

强政治性锁定效应导致我国解决“三农”问题的核心并不在于农业、农村本身，国家农业、农村方面的宏观经济体制和政策导向才是关键。同样，低碳农村的发展也离不开相关政策，尤其是政策体系的支持。

近年来解决“三农”问题一直是党和国家工作的重点，各项强农惠农措施不断加强，主要包括奖补政策、改善农村环境措施、发展农村科教文卫事业、改善农业生产布局和推广产业化经营等方面，以及对农机报废更新补助，养殖环节病死动物及其无害化处理补贴和建立碳贸易、排污权交易机制的探索等。尽管有些政策的低碳倾向不明显，但总体上这些政策都符合低碳理念要求。

发展低碳农业、建设低碳农村关键是要对这些政策进行整合，使其形成一个体系，从而推动农村经济低碳化发展。如通过各种社会媒体的宣传，鼓励农民采用低碳相关技术发展生产、改善生活以获得各类奖补，然后可以以生产生活资料获得抵押贷款扩大低碳生产规模或领域，最终实现农村经济低碳发展。当然，这需要大量人力、物力、财力的支持，而这些又是我们所缺乏的。因此我们有必要改变以往的一拥而上、摊大饼式的政策措施实施方式，集中资金、技术优势，有重点、分区域、有步骤推动农村低碳经济发展。各省市作为投资主体可以根据自己实际情况，选择最易被农民接受的方式和最容易推广的技术在目标地区进行试点，予以技术、资金等相关支持，并建立相应的“评价”、“淘汰/退出”机制，以节约政府资源。

（3）完善和推动各种低碳形态的发展

我国现有的节约型、高效型、无公害化、观光旅游休闲农业和种养废弃物循环利用模式、农村清洁工程、退耕还林、植树造林等农业农村发展形态，在一定程度上，可以看作是低碳农业农村发展的雏形。但受小农生产的影响，它们多孤立存在、具体管理水平参差不齐，再加上相关配套设施不健全，其节能减排效果非常有限。如观光农业作为一种休闲农业，充分利用了农业自然景观的生态环境效应以促进当地经济社会的发展，但由其发展所带来的宾馆、餐饮等相关产业却成了新的碳源。换句话说，目前人们对各种低碳形态的认识仅仅停留在经济利益上，并没有用低碳理念来指导其发展。因此，必须以低碳理念，进一步完善并发展各种低碳形态，发挥其联合效应，实现农村低碳发展。

首先在低碳理念的指导下制定科学合理的规划。规划是行动的基础和依据，可以避免项目建设的盲目性；通过实地考察分析该项目的可行性，进而编制短、中、长期发展规划，以促进其有序发展。其次引入公司制、公司+农户、土地入股、土地租赁等发展形式，提高其管理水平，促进其正规化、市场化发展。再次规定统一的低碳化的评价标准，有评价才会有改善，利用评价体系有效促进其发展的可持续性；评价体系不仅应该包括项目本身，还有其发展所带动的相关行业；只有完整的评价体系才不会弱化各种低碳形态发展所带来的节能减排效应，进而促进整个区域的低碳化发展。再次在原有低碳形态不断发展的基础上，促进其上下游相关产业的低碳形态发展，实现整个生产链条的低碳化发展。最后通过财税政策，加大地区生产生活垃圾无害化处理设施投入，推动地区经济的低碳化发展。

（4）建立农业低碳技术服务体系

适宜性低碳技术的开发及其推广是农村低碳化发展的核心，农村低碳技术服务体系的建立是低碳农村发展的必然要求，也是实现低碳农村的重要途径。尽管测土配方施肥、提高土壤有机质、生物农药、农业生产废弃物综合利用、农村清洁工程、沼气工程等低碳技术已在全国开始使用并推广，但由于有效的农村低碳服务体系尚未建立，其普及率仍然比较低，影响了我国农村低碳化进程。有效的农村低碳技术服务体系必须充分考虑我国小农生产、相关从业人员素质低、整体研发能力弱、基层农业技术推广站体制落后、农村空心化和农业兼业化、妇女化、老龄化等现状，根据不同的农业类型、规模和生产组织方式，因地制宜、因时制宜选择合适的农业技术服务模式。

特殊的国情决定了我国农村低碳技术服务体系多层次、差异化的特征。从层次上讲，要将现有的基层农技推广站扩展到村，形成中央、省、市、县、镇（乡）、村六级农村低碳技术服务体系。其中，中央和省级农业部门主要负责农业低碳技术的开发及相关农技推广政策的制定，从宏观上掌握农村低碳发展的方向；市级农业机构主要根据本市的实际情况有针对性的选择适合的低碳技术，同时根据县、镇、村农技推广人员的反馈，有选择地申报和研究适宜的低碳技术；县、镇、村级农业机构主要负责农业技术的推广，通过相关资料宣传、农民培训、现场指导、定期检查等方式，确保低碳技术落实到户。从差异化角度看，主要是为了节约技术推广成本，一方面是不同农业结构应有针对地选择不同的低碳技术；另一方面是不同规模、组织化程度的地区应建立不同的服务体系。规模较大、组织化程度高的地区应充分发挥其组织优势，以组织为单位进行农业技术服务；规模较大、组织程度低的地区，可以以村级行政划分或农业结构为单位提供技术服务；规模小、组织化程度低的地区，应在采用直接面对农户服务模式的基础上，鼓励农民建立农业技术互助组，以提高农业技术推广效率。因此从长远看提高农业生产组织化程度对农业服务体系高效率、低成本的运作具有重要意义。

（5）提高低碳经济市场化程度

我国社会主义市场经济体制决定了市场在资源配置中具有基础作用，提高低碳经济发展市场化程度，可充分利用市场机制作用，促进低碳农村发展。低碳经济发展的市场化程度不仅包括碳交易市场的建立，还包括各生产要素的市场化，并且两方面互为前提、相互促进。

农业碳排放交易市场将“碳”商品化。通过赋予“碳”商品属性把低碳农村经济与参与主体的利益结合起来，使具有外部性的低碳技术、措施的运用成为经济上有利可图的行为，并在市场价格、供求机制的调解下实现低碳经济市场化发展的良性循环。培育和发展农业碳交易市场的关键是低碳农村基础数据库与标准体系的建立，这也是我国碳交易市场发展的难点。根据我国的实际情况，可以借鉴新西兰的做法，碳市场建设初期使用简单的排放系数法计算农村碳排放量，初步建立农业碳交易市场，之后再逐步建立各类实时检测系统和复杂的碳排放计算方法，发展和完善碳交易市场，实现农村发展低碳经济的良性循环。

技术、资金等生产要素的市场化程度，也是低碳经济发展市场化程度的重要方面。生产要素市场化程度的提高，促进了农业碳交易市场的建立；农业碳交易市场的建立又会进一步强化要素市场化程度。随着农业碳排放交易市场的逐步建立，在市场经济利益的驱动下，农户、企业、各种组织、科研机构等经济主体及相关生产要素会积极的参与低碳农村经济。同时通过经济、法律、行政手段也可以引导各经济主体积极参与农村低碳经济发展，为其发展注入新的活力。如通过建立绿色食品、无公害产品、有机产品等低碳标识，发挥消费对生产的反作用，引导企业从资金、技术等方面积极参与相关低碳产品生产大力宣传低碳理念及农村低碳发展的意义，吸引各种社会组织和科研机构的资金、技术投资。

此外，市场化程度的提高还意味着低碳农村发展能充分利用国内国外两个市场，两种资源，为其发展提供技术、资金等支持。

（6）树立低碳发展观念

法律约束、制度引导、经济利益诱导，均为外省变量，内因才是改变事物发展的关键。只有将“低碳化”内化到农村主体的自我意识中，成为低碳经济发展的内生性变量，才是真正意义上农村低碳化发展。为了让低碳理念深入人心，让农村低碳化更为快速地成为现实，树立低碳的发展观念十分必要。

低碳农村实施主体的发展理念关系到农村节能减排的长远发展。通过低碳教育、宣传强化其低碳发展理念是农村低碳经济顺利发展的基础。首先要进一步完善农村九年义务教育、农村中等职称教育、农民和农技人员培训体系，提高相关从业人员整体素质。其次要加强对低碳科普知识的宣传，使低碳理念“进村入户”，让各主体意识到农村“高碳性”生产生活的危害，提高其对低碳经济的熟悉和重视程度。再次充分利用媒体平台及时发布相关信息，如不同农作物不同生长期的化肥农药施用量、不同农业耕作方式的适用性、生物质资源的合理利用等，引导农业生产。然后多渠道深入地组织开展各类与农村低碳发展相关的宣传教育活动，如开展技术咨询指导、技术下乡、经验交流会、成果展示会等，让公众能近身体验低碳理念带来的实惠。最后搞好典型示范，扩大低碳理念的辐射效应。多措并举，为农村的低碳发展奠定群众、舆论基础。[49]

参考文献

[1] 潘家华. 怎样发展中国的低碳经济 [J]. 绿叶，2009，(5)：20-27.

[2] 庄贵阳. 中国发展低碳经济的困难与障碍分析 [J]. 江西社会科学，2009 (7)：20-26.

[3] 张世秋. 中国低碳化转型的政策选择 [J]. 绿叶，2009，(5)：33-38.

[4] 冯之浚，金涌，牛文元. 关于推行低碳经济促进科学发展的若干思考 [J]. 光明日报，2009-04-21 (4).

[5] 李慧凤. 中国低碳经济发展模式研究 [J]. 金融与经济，2010，(5)：40-42.

[6] 庄贵阳. 中国经济低碳发展的途径与潜力分析 [J]. 国际技术经济研究，2005，8 (3)：79-87.

[7] 中国科学院能源领域战略研究组. 中国至2050年能源发展路线图 [M]. 北京：科学出版社，2009.

[8] 毛如玉，沈鹏，李艳萍. 基于物质流分析的低碳经济发展战略研究 [J]. 现代化工，2008，11 (28)：9-13.

[9] 潘家华. 低碳发展：中国快速工业化进程面临的挑战 [R]. 中英双边气候变化政策圆桌会议，北京，2004-10-26.

[10] Patrick M C. Discredited strategy [OL]. www. international rivers org，2008-12-08.

[11] 世界银行. 2009世界发展报告：重塑世界经济地理 [M]. 胡光宇，译. 北京：清华大学出版社，2009.

[12] 强世功. “碳政治”：新型国际政治与中国的战略抉择 [J]. 中国经济，2009，9：6-9.

[13] 桑榆. 碳政治下的中国低碳经济发展 [J]. 中国经济导报，2009-11-03 (5).

[14] 朱有志. 低碳经济：“两型社会”建设的切入点 [OL]. www. hnass. cn/shownews. asp? newsid =937，2009-09-18.

[15] 于胜民. 基于人均历史累积排放的排放权分担方法 [M]. 能源问题研究文集. 北京：中国环境科学出版社，2009.

[16] International Centre for Trade and Sustainable Development (ICTSD). Climate change and trade on the road to Copenhagen [OL]. www.ictsd.org/I/publications/12524/, 2008-05-03.

[17] 谭娟，陈晓春. 政府环境规制视角下低碳经济发展理论研究 [J]. 西南民族大学学报（人文社会科学版），2011（8）：146-150.

[18] 刘卫东，陆大道，张雷等. 我国低碳经济发展框架与科学基础：实现2020年单位GDP碳排放降低40%~45%的路径研究 [M]. 北京：商务印书馆，2010.

[19] 崔大鹏. 低碳经济漫谈 [J]. 环境教育，2009，7：14-16.

[20] 钟华平等. 草地生态系统碳蓄积的研究进展 [J]. 草业科学，2005，1-20.

[21] 于贵瑞等. 全球变化与陆地生态系统碳循环和碳蓄积 [M]. 北京：气候出版社，2003.

[22] Haughton R A. Temporal patterns of land use change and carbon storage in China and tropical Asia. Science in China (Series C) [J], 2002, Vol. 45, pp. 10-17.

[23] IPCC. Climate change 2001: the scientific basis (chapter 4: atomosphere chemistry and greenhouse gases) [R]. Cambridge University Press, UK.

[24] 段晓南、王效科. 中国湿地生态系统的固碳技术措施和潜力 [M]. 北京：科学出版社，2008.

[25] 康宇. 儒释道生态伦理思想比较 [J]. 天津社会科学，2009，2：38-42.

[26] 苗泽华，孙增辉. 我国古代生态伦理思想及其启 [J]. 商业时代，2009，12：123-125.

[27] 贺汉魂.《资本论》经济伦理视阈下低碳经济发展研究 [J]. 中国发展，2010，10（3）：24-28.

[28] 倪玲娣. 关于低碳经济与生态文明建设的思考 [J]. 法制与经济，2010，7：92-96.

[29] 何发理. 低碳经济是生态文明建设的必然选择 [J]. 现代企业，2010，3：42-45.

[30] 董杰，姜言杰，张松林. 发展森工低碳经济，加强生态文明建设 [J]. 林业经济，2010，6：67-72.

[31] 罗伯特·戴维·萨克著. 黄春芳译. 社会思想中的空间观：一种地理学的视角 [M]. 北京师范大学出版社，2010. 9.

[32] 孙海鸣，张学良主编. 区域经济学 [M]. 上海：上海人民出版社，2011，3.

[33] 陈桂芬. 数据挖掘与精准农业智能决策系统 [M]. 科学出版社，2011，6.

[34] 陈凯. 区域经济比较 [M]. 上海：上海人民出版社，2009，2.

[35] 李佐军，张帆. 节能减排的区域差异与应对之策 [R]. 中国经济报告，2012，7.

[36] 贺红兵. 碳排放影响因素的省域聚类分析 [J]. 当代经济，2012，12：148 –149.
[37] 倪外. 基于低碳经济的区域发展模式研究 [D]. 上海：华东师范大学，2011，5.
[38] 王伟. 中国三大城市群空间结构及其集合能效研究 [D]. 上海：同济大学，2008，9.
[39] 裴志扬. 城市群发展研究 [M]. 郑州：河南人民出版社，2009，4.
[40] 朱顺娟. 长株潭城市群空间结构及其优化研究 [D]. 长沙：中南大学，2012，4.
[41] 冯占民. 城市群低碳发展的区域合作研究 [D]. 武汉：华中科技大学，2012，5.
[42] 沈清基. 城市生态环境原理、方法与优化 [M]. 北京：中国建筑工业出版社，2011，6.
[43] 于卓，吴志华著. GIS 和遗传算法支持的城市空间生长建模 [M]. 北京：测绘出版社，2010. 8.
[44] 顾朝林，谭纵波，韩春强等著. 气候变化与低碳城市规划 [M]. 南京：东南大学出版社，2009，6.
[45] 牛冬杰，潘涛，曹晓静等编著. 低碳城市建设理念与实践 [M]. 北京：科学出版社，2011，9.
[46] 金其铭，董昕. 乡村地理学 [M]. 南京：江苏教育出版社，1990，12.
[47] 岳树梅. 基于低碳理念的农村能源消费法律制度创新思考 [J]. 西南民族大学学报（人文社会科学版），2010，10：115 –118.
[48] 张力小，胡秋红，王长波. 中国农村能源消费的时空分布特征及其政策演变 [J]. 农业工程学报，2011（1），1 –9.
[49] 南人凤. 低碳农村发展环境及对策研究 [D]. 西安：西北大学，2012，6.